미용과 영양

곽희진 · 박금희 · 안현경 지음

청구문화사

머리말

오늘날에는 남녀를 불문하고 아름다운 외모에 대한 욕구와 관심이 날이 갈수록 고조되고 있다.

외모는 타고난 것이기도 하지만, 단지 외형적인 아름다움만이 아닌 '건강한 아름다움' 즉 올바른 식생활과 규칙적인 생활습관에서 오는 건강한 미소와 탄력있는 피부의 자연스러운 미가 바로 가장 눈부신 아름다움일 것이다.

인체가 원활한 신진대사를 이루기 위해서는 충분한 영양이 필요하듯, 깨끗하고 건강한 아름다움을 유지하기 위해서는 영양, 즉 음식은 참으로 중요하다. 흔히 우리들은 피부에 문제가 생기면 그 원인을 해결하지 않고 약이나 연고에 의존하려고 한다. 그러나 피부에 문제가 생기는 것은 화장품이나, 피부자체의 문제에 보다는 영양의 불균형에서 비롯된 경우가 더 흔하다. 따라서 균형잡힌 영양섭취는 아름다움을 유지하고 보완하는데 가장 중요한 요건이라고 할 수 있다.

이 책은 건강한 아름다움을 위해 무엇보다도 중요한 올바른 식생활과 영양관리의 중요성과 이를 위해 무엇을 어떻게 얼마나 섭취해야 하는가에 관하여 미용학적 측면에서 정리해 보았다. 그러나 영양학적인 측면보다는 실제로 내용학적으로 즉각적인 응용이 가능하도록 피부, 손발, 비만관리 등에 관하여 집중적으로 영양과의 관련을 기술하였다. 막상 책으로 엮어보니 미흡하고 부족한 점이 너무 많아 송구스럽다. 앞으로 더욱 충실한 내용으로 다듬어 갈 것을 약속 드리며, 각별한 애정과 지도편달을 바란다.

끝으로 본 책자의 출간을 위해 애써주신 靑丘文化社 李相泰사장님과 편집부 직원 여러분께 깊은 감사를 드린다.

2001년 6월

저자일동.

목 차

제 1 장 건강한 아름다움이란 ?

인간은 살아가면서 본능적으로 아름다움을 표현하고자 노력한다. 인간의 아름다움이란 두 가지로 나누어 외적인 아름다움과 내적인 아름다움으로 구분할 수 있다. 외적인 아름다움이란 외모로 단순히 겉모양을 의미하는데, 특히 20세기를 거치면서 아름다움의 기준이 지나치게 외적인 면에 편중되어 미용의 모두를 의미하는 것으로 오인되어지곤 한다. 그러나 이러한 외적인 아름다움은 근원적으로 육체적인 건강이 보장되지 않고는 설명하기 어려운 문제로, 외적인 아름다움의 바탕에는 내적인 아름다움, 즉 신체적인 아름다움이 필수적이다.

외적인 아름다움의 현상은 여러 가지 요인 중 우리가 흔히 접하는 대중매체의 위력적인 영향이라고 볼 수 있으며, 1980년대에 비해 우리 국민의 체위는 신장과 체중의 두드러진 변화를 가지고 왔다. 지나치게 큰 키와 기형적인 체중, 화려한 화장, 현란한 의상들로 화면과 지면을 가득 채우고 있는 대중매체는 매우 빠른 속도로 사회 전반을 물들였고, 일반 대중들은 이를 선망의 대상으로 삼고 있다. 이는 2000년대의 사회 전반적인 현상으로, 외적인 요인의 강조는 점차 가중되리라 예상된다.

건강한 아름다움(내적인 아름다움)이란 신체적인 건강과 정신적인 건강, 사회적인 건강을 모두 만족시켜야만 만들어 낼 수 있으며 이것이 바로 올바른 건강의 개념이라 할 수 있다. 건강을 좌우하는 여러 가지 요인 중 음식물의 공급, 즉 식생활관리는 하루 3~4끼의 식사로 우리의 신체 발달과 생명 유지를 위해 필요하며 건강하고 탄력 있는 피부를 유지하고 소유하기 위해서는 신체의 외부에서 필요한 영양소들이 공급되어져야 한다. 따라서 무엇보다 가장 중요한 것이 식생활관리로 균형 잡힌 영양섭취(Well Balance Diet)야 말로 신체의 건강을 보장하며, 건강한 아름다움을 토대로 아름다운 피부로 가는 첩경이라 할 수 있겠다.

1. 건강과 영양은 어떤 관계가 있는가

인간은 탄생과 동시에 성장과 발달이 이루어지는데 여기에는 건강이라는 토대가 필수적이며 일생의 삶의 주기를 통해 건강에 대한 관심도는 점차 가중되고 특히 20세기에 접어들면서 노령화 사회로 인한 건강에 대한 관심도는 사회 전반적인 문제로 확산되었다. 인간의 욕구 중 가장 오래되고 끈질긴 욕구는 오래 살고자 하는 욕망이라고 할 수 있는데, 여기에는 양호한 건강이 수반되어야 풍부한 삶의 질을 향유할 수 있다. 양호한 건강을 갖는 다는 것은 인간으로서의 기본권리로 최고 수준의 양호한 건강은 사회 속에서 유지되고 보장되어야 한다. 이렇게 양호한 건강 상태를 유지한다는 것이 강조되는 이유는 평생을 건강하게 살아간다는 것이 쉽지 않기 때문이다. 더욱이 급변하는 현대의 생활환경 속에서 건강을 해치는 요인들은 나날이 증가하여 양호한 건강 상태를 유지하지 못하고 불 건강을 호소하는 사람들이 많이 있음을 본다.

건강한 육체에 건전한 정신이라는 말과 같이 몸과 마음, 어느 한쪽에 치우치는 것이 아닌 이들의 조화가 잘 이루어질 때 진정한 건강을 소유할 수 있는 것이다. 세계보건기구(WHO)에서는 건강(健康)에 관한 개념을 '건강이란 신체에 질병이 없고 몸이 허약하지 않은 상태일 뿐 아니라 사람이 온전히 육체적, 정신적으로 건전하고 나아가서는 사회적으로 잘 적응하고 봉사하여 사회 복지에 기여할 수 있는 상태이다"라고 정의하고 있다.

영양 상태가 좋으면 육체적으로 건강하고 강해지며 생기가 돌아 활동적이 되고 의욕이 넘쳐 정신적, 정서적으로도 안정적이고 풍요로워 진다. 뿐만 아니라 영양 상태가 좋아야 질병에 대한 저항력이 커져 병에 걸리지 않고 무병장수의 인간 최고의 욕구를 이룰 수 있게 되는 것이다. 또한 건강한 신체의 바탕위에서 인간의 외적인 아름다움이 나타나게 되는데, 예를 들면 자신감 넘치는 표정, 미소, 탄력 있는 피부와 윤기 나는 머리카락 등 아름다움과 밀접한 관계가 있다고 본다.

반면 영양상태가 좋지 않거나 영양학적 지식의 부족으로 음식을 잘못 섭취한다거나 편식, 잘못된 식습관 등에 따라 영양상태가 양호하지 못하게 되면 체격이 빈약해지고 충치가 생기며 정신적인 발달이 느려지고 삶과 일에 대한 의욕이 약해지거나 심하면 상실되게 된다. 뿐만 아니라 질병에 대한 저항력도 약해져 병에 걸리기 쉽고 인내력의 약화로 건전하고 행복한 생활을 영위하기 어렵게 된다.

성인과 청소년의 구체적인 영양불량의 증세는 다음과 같다.

① 식욕이 부진하다.

② 계속 피곤해 진다.

③ 체중이 감소한다.

④ 사물에 대한 판단력이 흐려진다.

⑤ 힘이 없다.

⑥ 입술과 혀가 쓰리고 아프다.

⑦ 계속 설사를 한다.

⑧ 신경질을 내고 초조해 한다.

⑨ 피부가 타는 것같이 아프거나 가렵다.

⑩ 눈물이 계속 흐른다.

⑪ 근육과 관절이 아프다.

⑫ 근육에 경련이 일어난다.

⑬ 잇몸이 아프고 출혈을 한다.

⑭ 입 양쪽 끝이 쓰리고 아프다.

위의 결과는 한가지 영양소의 부족으로 오는 경우도 있지만, 여러 가지 영양소의 복합적인 부족으로 나타나는 결과로 영양불량의 증세는 한가지 또는 위의 몇 가지 증세가 함께, 또는 연속적으로 나타나기도 한다. 그러므로 사람들은 본인의 신체에서 일어나는 변화를 주의 깊게 관찰하여 부족 증세가 나타나지 않는가를 체크해야 한다. 안타깝게도 영양 부족 증상은 빠른 시간 내에 발현하는 것이 아니라 눈에 띄지 않게 서서히 진행되다 어느 시기에 이르러서야 드디어 나타나게 됨으로 즉각적으로 대처하기 어렵다. 따라서 영양불량 증세가 나타나기 전에 개개인에게 맞도록 매일, 매끼마다 균형 잡힌 식사인지 아닌지를 꼼꼼히 따져봐야 한다.

2. 영양과 식품은 어떤 관계인가

영양(Nutrition)이란 인간을 비롯한 생물체가 외부로부터 물질을 섭취하여 근육, 뼈, 혈액, 기타 여러 가지 체내 성분을 합성하고, 체내에서 에너지를 발생하여 생명을 유지하고, 성장시키며, 건강을 유지시키는 일을 말한다. 생명을 유지시키기 위하여 외부로부터 섭취해야 하는 물질을 영양소(Nutrients)라 하며 여기에는 탄수화물, 지질, 단백질, 비타민, 무기질이 등이 있으며 특히 피부미용과 밀접한 수분은 위 영양소를 포함하여 6대 영양소라고 한다.

영양소들을 한가지 또는 한가지 이상 함유한 것을 식품(Food material) 이라 하며 식품은 조리(Cooking), 가공(Product)과정을 거쳐 먹을 수 있는 식물(Food, 음식물)로 만들어진 후 식이(Diet)과정을 거쳐 우리 몸 속으로 들어와 소화, 흡수, 대사과정을 통해 영양소들이 체내로 흡수되고 나머지는 배설된다.

다시 말하면 영양이라는 것은 먹는 행위를 말하는 것이 아니라 '사람이 음식물을 취하여 몸을 건강하게 하고 이를 유지하는 상태'를 말하는 것이다. 또 "영양이 좋다"라고 말할 수 있는 것은 우리 몸이 음식물을 잘 처리한 결과를 말하는 것이다. 따라서 '영양'이 음식물 속에 들어 있는 것이 아니라 '영양소'라는 것이 들어 있는 것이다. 그러므로 일상 대중화되어 있는 "우유에는 영양이 있다" 또는 "우유는 영양이 많다" 라는 말은 잘못된 표현이다.

한편, 영양학이 연구되면서 인체를 구성하는 물질과 생명을 유지하고 성장하는데 필요한 물질은 무엇인가에 대한 의문을 갖게 되었고, 인간이 섭취하고 있는 식품의 성분은 무엇인가를 알기 위하여 식품 중의 성분, 예를 들면 단백질, 지질, 탄수화물, 비타민과 무기질 등의 화학적 성분과 영양소 등을 분석하기에 이르렀다.

우리가 매일 섭취하고 있는 여러 가지 종류의 상용식품은 그 성분이 분석되어 현재 식품분석표로 작성되어 있으며 섭취한 식품의 종류와 양만 알면 어떠한 영양소를 얼마나 섭취하고 또 얼마의 열량을 얻게 되었나를 이 표를 이용하여 쉽게 계산할 수 있다.

이러한 식품분석표를 이용할 경우 개개인의 조건에 합당한 합리적인 식단을 구성하여 실생활에 활용할 수 있으며, 어떤 식품에는 어떤 영양소가 많다, 적다 등을 논의할 수 있어 개인별로 부족한 영양소를 주의 깊게 섭취 할 수 있게 된다. 우리 몸에 꼭 필요한 영양소를 식품이 가지고 있는 영양소와 그 기능별로 구분하여 분류한 식품 구성 탑과 하루에 필요한 영양소를 각각 그 대상에 따라 작성한 미국의 영양권장량(Recommended Dietary Allowances : RDA)이 있다.

식품 구성 탑이란 식사구성안에서 제시된 식품의 분류와 각각의 식품군이 식생활에서 차지하는 중요성과 양을 일반인들이 쉽게 이해할 수 있도록 우리 나라 고유의 탑 모양의 그림으로 표시한 것이다. 우리 나라 식생활에서 주식으로 소비되는 곡류 및 전분류는 가장 바탕이 되는 맨 아래층에, 양적으로 많이 섭취되는 식물성 식품인 채소 및 과일류가 둘째 층에, 동물성 식품이 세 번째 층에 위치하고 있으며, 유지 및 당류는 조리에 필요한 기름을 제외하고는 섭취량이 적어야 하므로 가장 작은 맨 아래층에 위치한다.

식품 구성 탑은 그림 1-1과 같다.

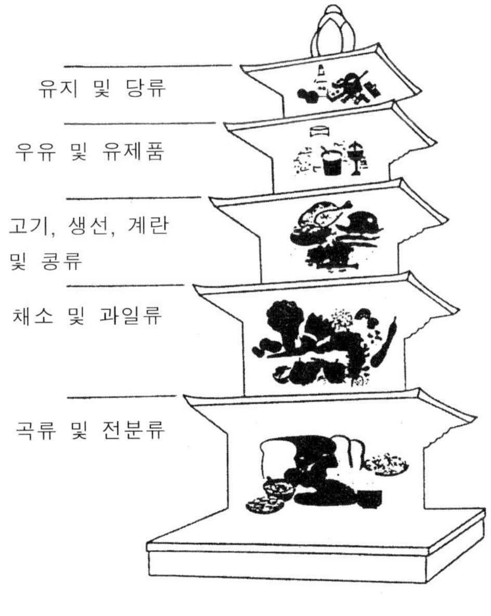

(그림 1-1) 식품 구성 탑

영양권장량이란 건강한 국민 대부분의 영양 요구량을 만족시키기 위해 여러 가지 영양학적 지식을 기초로 하여 만든 안전하고도 적절한 영양소의 섭취량이다. 이 영양권장량은 국가마다 다르고 그 나라의 국민 식생활에 따라 다르며 식생활의 변화에 따라 수시로 변화할 수 있다. 그러므로 외국의 영양권장량을 그대로 사용한다는 것은 적합하지 않다고 하겠다.

한국인의 영양권장량은 1962년 최초로 작성된 이래 여섯 번의 개정을 거쳐 현재 제7차 개정(2000년)에 이르고 있다. 일반 건강한 대 다수 국민의 영양요구량을 충족시키기 위해 기존의 영양지식을 참고하여 각 영양소의 최적수준을 권장하는 것이며 주위에서 얻을 수 있는 식품을 다양하게 섭취할 때에 확보 가능한 수준을 권장량으로 하는 것을 원칙으로 한다.

한국인의 영양권장량을 표 1-1에서 제시하였다.

(표 1-1) 한국인의 영양권장량

한국인 1일 영양권장량(2000년 제7차개정)

구분	연령	체중 (kg)	신장 (cm)	에너지 (kcal)	단백질 (g)	VitA (R.E)	VitD (g)	VitE (mga-TE)	VitC (mg)	VitB1 (mg)	VitB2 (mg)	나이아신(mg)	vitB6 (mg)	엽산 (g)	칼슘(mg)	인 (mg)	철분 (mg)	아연 (mg)
영아	0~4	5.6	58	500	15(20)	350	5 (10)	3	35 (50)	0.2 (0.3)	0.3 (0.4)	2(3)	0.1(0.2)	60 (100)	200(300)	100(200)	2(6)	2(4)
	5~11	9.3	73	750	20	350	10	4	35	0.4	0.5	5	0.4	70	300	300	8	4
소아	1~3	14	92	1,200	25	350	10	5	40	0.6	0.7	8	0.5	80	500	500	8	6
	4~6	19	111	1,600	30	400	10	6	50	0.8	1.0	11	0.6	100	600	600	9	8
	7~9	27	127	1,800	40	500	10	7	60	0.9	1.1	12	0.8	150	700	700	10	9
남자	10-12	38	144	2,200	55	600	10	8	70	1.1	1.3	15	1.1	200	800	800	12	12
	13-15	54	162	2,500	70	700	10	10	70	1.2	1.5	17	1.4	250	900	900	16	12
	16-19	64	172	2,700	75	700	10	10	70	1.4	1.6	18	1.5	250	900	900	16	12
	20-29	67	174	2,500	70	700	5	10	70	1.3	1.5	17	1.4	250	700	700	12	12
	30-49	68	170	2,500	70	700	5	10	70	1.3	1.5	17	1.4	250	700	700	12	12
	50-64	68	168	2,300	70	700	10	10	70	1.2	1.4	15	1.4	250	700	700	12	12
	65-74	64	167	2,000	65	700	10	10	70	1.0	1.2	13	1.4	250	700	700	12	12
	74이상	60	166	1,800	60	700	10	10	70	1.0	1.2	13	1.4	250	700	700	12	12
여자	10~12	38	144	2,000	55	600	10	8	70	1.0	1.2	13	1.1	200	800	800	16	10
	13~15	51	158	2,100	65	700	10	10	70	1.0	1.3	14	1.4	250	800	800	16	10
	16~19	54	160	2,100	60	700	10	10	70	1.1	1.3	14	1.4	250	800	800	16	10
	20~29	54	161	2,000	55	700	5	10	70	1.0	1.2	13	1.4	250	700	700	16	10
	30~49	55	158	2,000	55	700	5	10	70	1.0	1.2	13	1.4	250	700	700	16	10
	50~64	57	157	1,900	55	700	10	10	70	1.0	1.2	13	1.4	250	700	700	12	10
	65~74	54	154	1,700	55	700	10	10	70	1.0	1.2	13	1.4	250	700	700	12	10
	74이상	52	152	1,600	55	700	10	10	70	1.0	1.2	13	1.4	250	700	700	12	10
임신	전반기			+150	+15	+0	+5	+0	+15	+0.3	+0.3	+1.0	+0.5	+250	+300	+300	+4	+3
	후반기			+350	+15	+100	+5	+2	+15	+0.4	+0.4	+2.0	+0.5	+250	+300	+300	+8	+3
수유				+400	+20	+300	+5	+3	+35	+0.5	+0.6	+4.0	+0.6	+100	+400	+400	+2	+6

3. 우리의 신체는 무엇으로 만들어져 있나

우리의 인체는 60조 이상의 수많은 세포로 구성되어 있다. 대부분의 세포들은 분열의 과정을 거쳐 각각의 일정주기를 가지고 기존세포(헌 세포)는 탈락되고 그 자리에 새로운 세포가 그 자리와 역할을 맡게 된다. 그러므로 이러한 세포의 생성과 성숙, 노화, 퇴화라는 과정을 거치려면 여러 가지 영양소가 필요하게 되는 것이다. 만약 충분한 영양소가 공급되지 못하면 위의 일련의 과정이 원만하게 이루어지지 못하여 건강한 신체를 갖기 어렵고, 불건강한 증세가 우리의 인체에 나타나게 되는데 성장지연, 성장장애, 대사이상, 등 질병의 초기 증상이 나타날 수 있다.

인체의 기본 단위인 세포는 영양소로 구성되어 있으며 세포막, 세포핵, 미토콘드리아 등 세포의 구성 물질 등은 단백질과 지질로 구성되어 있고, 세포의 원형질은 단백질, 탄수화물, 무기질, 비타민 등의 영양소 등으로 구성되어 있다. 즉 인체는 세포로 구성되어 있고, 세포는 영양소로 이루어져 있으므로 인체는 영양소의 통합된 형태라고 할 수 있다.

인체의 구성 성분을 화학적으로 분석하여 보면, 물이 약 65~70% 정도를 차지하고 있고, 나머지 인체의 고형성분은 5대 영양소로 되어 있다. 그 중 가장 많이 들어 있는 영양소는 단백질로 20% 정도를 차지하며 지질 13~18%, 탄수화물 1%, 무기질 4~7%, 비타민이 소량 존재하는 것으로 알려져 있다.

또한 인체를 구성하는 원소를 유기 영양소와 무기 영양소로 구분하여 보면 유기영양소로 탄소(C), 산소(O), 수소(H), 질소(N)가 있고 무기영양소로는 다량 존재하는 원소인 칼슘(Ca), 인(P), 마그네슘(Mg), 나트륨(Na), 칼륨(K), 염소(Cl), 황(S)과 미량 존재하는 원소인 철(Fe), 구리(Cu), 아연(Zn), 요오드(I), 불소(F), 크롬(Cr), 코발트(Co), 망간(Mn), 몰리브덴(Mo), 셀레늄(Se), 실리콘(Si), 주석(Sn), 바나듐(V), 니켈(Ni) 등이 있다.

4. 인체가 필요한 영양소는 무엇인가.

인체의 성장과 생명 유지에는 약 40여 종의 영양소가 필요하며 현재 영양학적으로 균형 잡힌 완전한 식사는 인체가 필요로 하는 40여종의 영양소를 함유하고 있어야만 이상적이라 할 수 있다.

이러한 40여종의 영양소는 다시 5개의 군, 즉 탄수화물(1개의 단당류), 지질(1개의 지방산), 단백질(10종의 아미노산), 무기질(21종의 다량무기질과 미량무기질), 16종의 비타민군 등으로 묶을 수 있으며 자세히 살펴보면 다음과 같다.

[1] 탄수화물(Carbohydrates)

탄수화물은 주로 탄소, 수소 그리고 산소로 구성되어 있다. 탄수화물은 식이에서 단맛을 내는 이외에 체세포에서 에너지를 공급하는 중요한 역할을 하며, 에너지 공급의 주된 형태는 대부분의 탄수화물에서 얻어지는 포도당이다. 우리가 사용하는 탄수화물은 전분, 설탕, 기타 여러 종류의 당류이지만 이들이 체내에서 이용되기 위해서는 소화과정 중 모두 단당류로 분해되어 흡수가 된다. 또한, 흡수된 단당류는 각 조직으로 운반되어 에너지를 발생할 때 모두 포도당의 형태로 변화되어 사용된다.

[2] 지질(Lipoid)

지질은 주로 탄소와 수소로 이루어져 있으며 탄수화물보다 산소분자를 적게 함유하고 있기 때문에 동일한 양이라도 더 많은 에너지를 생산해낼 수 있다. 지질은 대부분 글리세롤 1분자와 지방산 3분자로 구성된 중성지질의 기본구조이고, 식품의 지방성분도 주로 중성지질이다.

우리가 상용하는 지질 중 지방산은 여러 가지이지만 체내에서 합성하지 못하는 지방산은 외부에서 음식물로 꼭 섭취해야 하는데 이를 필수 지방산 이라 부르며 옥수수기름 등으로부터 공급되는 리놀레산(linoleic acid)이 그중 하나이다.

3 단백질(Protein)

단백질은 탄수화물, 지방과는 달리 탄소, 수소, 산소 이외에도 질소를 포함하고 있다. 신체단백질의 기본단위는 아미노산이며, 식품의 단백질에는 약 20가지 정도의 아미노산이 존재하고, 이 중 성인에게 필요한 필수아미노산은 9가지로 반드시 체외에서 섭취해야하는 필수적인 것이다.

4 무기질(Mineral)

유기물을 제외한 것을 무기질이라 하며 무기질 자체는 에너지를 생산하지 않으나 신경계의 기능, 대사과정, 수분평형 및 골격구조에 매우 중요한 역할을 한다. 건강유지를 위해 필요한 무기질은 다량 무기질과 미량무기질을 포함하여 21종이 있다.

5 비타민외 기타 필수 영양소 16종

비타민에는 지용성 비타민 A, D, E, K 4종과 수용성 비타민 C, 비타민 B 복합체로 비타민 B_1(thiamin), 비타민 B_2(riboflabin), 나이아신(niacin), 비타민 B_6(pyridoxine) 비오틴(biotin), 판톤텐산(pantothenic acid), 엽산(folic acid), 비타민 B_{12}(cyanocobalamin) 등 8종, 그 외 기타 필수영양소로(비타민 유사물질) 이노시톨(inositol), 콜린(choline), 카르니틴(carnithine) 등 3가지가 있다.

5. 영양소는 인체 내에서 어떤 역할을 하는가

각 영양소는 체내에서 대사 과정을 돕기 위해 여러 가지 작용을 하는데, 그 여러 가지 작용을 세 가지로 구분하면, 열과 에너지를 발생하고, 체 조직을 구성·보수하며 체내 대사과정의 조절작용으로 분류할 수 있다. 각 영양소들은 위의 세 가지 작용 중 한가지 이상의 작용을 하며. 한가지 식품이 모든 영양소를 고루 함유하는 것은 없다.

이들 영양소를 역할별로 구분하면 열과 에너지를 발생하는 영양소로 탄수화물, 지질, 단백질이 있고, 체 조직을 구성하고 보수하는 단백질과 무기질, 체내 대사 작용을 조절하는 영양소는 단백질과 무기질, 비타민, 수분 그리고 식이성 섬유가 여기에 속한다. 인체가 위의 세 가지의 영양소 역할을 원만하게 수행하기 위해서는 여러 가지 음식을 골고루 섭취해야 하며 균형 잡힌 식단 구성이 필수적으로 고려되어야 한다.

첫째, 탄수화물과 단백질, 지질은 체내로 들어와 연소하여 열량을 내게 되는데 탄수화물과 단백질은 1g에 4Kcal를, 지질은 1g에 9Kcal의 열량을 만들어 낸다. 열량소의 에너지 소비는 탄수화물-지질-단백질의 순서로 소비하며 세 열량소는 인체 내에서 필요에 따라 서로 돕는 상호작용을 하고 있다. 소비하고 남은 열량은 지방으로 전환하여 체지방으로 축적되며 이러한 체지방이 과다해질 경우에 비만의 원인이 된다.

둘째, 단백질은 근육과 각종 장기, 혈관, 피부연골 조직을 구성하고, 무기질은 골격과 치아 등을 형성하며 물은 체액과 혈액의 구성성분으로 존재한다.

셋째, 무기질, 비타민 물 그리고 단백질은 인체 기능의 조절작용을 한다. 아미노산은 효소와 호르몬이 구성요소로서 직접적인 생리작용을 조절하며, 물은 체온을 정상적으로 조절하는 역할을 하고 있다.

6. 건강한 피부와 머리카락은 어디에서 오는가 ?

우리가 양호한 건강의 상태를 유지하려면 누구든지 남녀노소를 막론하고 일생을 통해 여섯 가지 영양소를 전부 필요로 하나 각자의 상태에 따라 하루에 필요한 양은 각각 다르다.

영양소의 필요량은 연령, 성별, 체격의 크기(체표면적), 개인의 활동량, 건강 상태, 유전적인 조건, 생활양식 등의 여러 가지 조건에 따라 다르게 결정된다. 어떤 식품을(무엇을) 얼마나 많은 양을 먹어야 하는가 하는 것은 각자의 삶의 조건에 따라 양과 질이 결정되는 것이다.

식품 내 영양소의 양은 조리하는 과정, 안정성, 눈으로 보는 상태, 맛, 받아들이는 감정상태에 따라 영향을 받게 된다. 음식은 섭취하는 심리적인 상태에 따라 소화 흡수되는 정도가 다르기 때문에 우리 몸에 활용되는 영양소의 양은 개인에 따라 다르고, 같은 사람, 같은 음식이라 할지라도 개개인의 특성에 따라 흡수 정도가 다르기 때문에 이를 쉽게 설명하기란 어려운 일이다.

우리가 음식을 통하여 섭취하고 있는 영양소를 몸 속에서 충분히 잘 활용하여 양호한 건강상태를 유지하기 위해서는 첫째, 우리 몸에 알맞은 열량과 영양소의 양을 알고 여기에 맞는 식단을 작성하여야 한다. 둘째, 식단이 작성되면 기호에 맞추어 식품을 잘 조리하고 즐거운 마음으로 식사하여야 한다. 셋째, 항상 편안하고 너그러운 마음으로 낙관적이고 긍정적인 태도로 생활해야 한다. 넷째, 충분한 휴식과 적절한 운동을 하여 스트레스를 제거해야 한다.

우리가 건강을 유지하려면 영양소의 양과 질도 중요하지만 위와 같은 생활태도를 갖는 것이 무엇보다도 중요한 일이며, 이러한 원칙이 지켜질 때 아름답고 건강한 피부와 윤기 나고 탄력 있는 머리카락은 이에 뒤따르는 당연한 결과가 될 것이다.

제 2 장 건강한 아름다움을 위한 신체의 필요 요소

1. 미용과 영양소와의 관계

피부는 인체의 일부이며 피부가 건강해 지려면 신진대사가 원활해야하고 끊임없는 외부의 자극으로부터 보호되어야 한다. 그러므로 자극을 최소화하기 위해서는 개인의 피부타입에 맞는 화장품으로 외부에서 영양을 공급하고, 깨끗한 세척으로 충분한 휴식을 취하도록 하며, 내부적으로 충분한 영양을 섭취하는 것이 필요하다. 그러나 아무리 중요한 영양소라고 해도 필요 이상의 양은 피부관리에 방해요인이 되기도 하는데, 피부에 좋은 것이라 하여 한꺼번에 많이 먹는 것은 어리석은 일로, 매일 매끼 필요한 양을 규칙적으로 먹는 것이 중요하다. 특히 탄수화물과 지질을 지나치게 섭취하면 염증과 화농을 유발하기 쉬우므로 필요량 이상 섭취는 절제하여야 하는 데 외식의 빈도가 많은 경우 외식의 주된 메뉴가 지나친 지질과 과량의 소금이 대부분으로 건강한 피부를 위해서는 가정 내 식사가 가장 이상적이라 할 수 있다. 또한 간식을 즐기는 여성들의 경우 간식의 주된 영양소가 탄수화물과 지나친 당분으로 구성되어 있어 열량을 증가시켜 체내에서 지질로 전환되며, 치아 건강에도 좋지 못하다.

음식물을 섭취할 때는 양과 질을 고려하여야 한다. 바쁜 사회생활과 직장생활 중에는 불규칙한 식사나 과식을 하게 되는데 그 결과로 위장장애를 일으키기 쉽고 이러한 위산과다, 위산 결핍 등의 위장장애는 직접적인 피부이상을 보여주기도 한다.

한편, 혈액과 신체 내의 체액들은 중성~약 알카리성(pH 7)이므로 알맞게 조절할 수 있는 음식물을 섭취하여야 하는데, 인체 내에는 항상성이라는 특성이 있어 알카리성 음식이 들어오면 체내를 산성화로 만들고, 산성음식이 과도하게 들어오면 체내를 알카리성화 시켜 항상 일정하게 중성을 유지하려는 성질을 가지고 있으므로 균형 잡힌 식사를 한다면 큰 우려는 없다.

산성 식품과 알카리성 식품은 식품 내 함유되어 있는 무기질의 종류에 따라 구분되는데 우리가 음식물을 섭취하면 체내에서 연소되고 남은 재가 무기질이다. 이 때 산을 형성하는 무기질(인, 유황, 염소 등)이 남는 식품은 산성 식품이라 하고, 알카리를 형성하는 무기질(칼륨, 나트륨, 마그네슘)이 남는 식품은 알카리 식품이라고 구분한다.

우리는 여러 종류의 음식을 균형 있게 섭취하여야 하는데 이는 영양학적인 측면에서 이루어져야 하며 산, 알카리의 조절은 건강인의 경우 신체가 자동적으로 하도록 되어 있으므로 우려할 사항은 아니다.

1 탄수화물! 무엇인지 궁금하다.

탄수화물(carbohydrate)은 탄소(C), 산소(O), 수소(H)로 구성되어 있으며 지구상에 가장 널리 존재하는 유기물이다. 탄수화물은 모든 동물의 주요한 에너지원으로 작용하고 동물체 내에서는 에너지의 저장 형태로 작용하며, 식물체의 경우 주된 구성 성분이다.

탄수화물은 신체에 에너지를 공급해 주는 주요 성분으로서 우리의 식생활에서 매우 중요한 위치를 차지하고 있다.

식생활에서 가장 중요한 열량 원이 되고 있는 탄수화물은 자연계에서 어떻게 만들어 졌을까? 식물은 광합성이라는 과정을 통해 태양광선을 화학에너지로 바꾸어 식물체 내에 저장하는 능력을 가지고 있다. 이러한 과정은 생명의 영속을 위하여 절대적으로 필요한 것으로 대기 중에 탄산가스(CO_2)와 토양 중의 물(H_2O)을 가지고 태양의 열에너지를 식물의 엽록소에서 받아들여 광합성이라는 화학 반응으로 식물체 내에서 탄수화물(당질)이라는 물질을 합성하게 된다.

합성된 당질은 식물체 조직 내에서 당분의 복합체인 전분이나 간단한 당분의 형태로 저장되는데, 곡류, 서류 중의 당질은 전분의 형태이고 바나나, 살구 사탕수수와 같은 과일의 것은 당분의 형태로 존재한다.

(1) 탄수화물을 분류해 보면 ?

탄수화물(당분의 성질을 가지고 있는 물질, 일명 당질로 통칭)은 모든 당류 및 전분류를 말하며 체내에서 이용되는 단위가 포도당으로 모든 탄수화물은 최종 포도당으로 전환된다.

탄수화물은 여러 가지 형태로 식품속에 존재하는데 이러한 탄수화물의 분류는 일반적으로 가수분해에 의해서 생성되는 가장 간단한 것을 단당류(monosaccharides)라 하고 단당류의 종류와 숫자에 따라 다양한 다당류(polysaccharides)를 형성하게 된다.

① 단당류

단당류는 탄수화물의 기본 단위로 다당류가 가수분해되어 단당류가 되며 단당류의 종류에는 포도당, 과당, 갈락토오즈 등이 있다. 이중 가장 중요한 단당류는 포도당으로 체내로 전분이 들어오게 되면 소화, 흡수 대사과정을 거쳐 포도당으로 전환하여 각 조직에서 에너지원으로 이용된다.

포도당(glucose)은 영양상 가장 중요한 단당류로 자연계에 널리 존재하는데, 특히 과일, 채소, 꿀, 엿 등에 다량 함유되어 있다. 동물체에는 정상 사람의 혈액 중에 혈당으로 약 0.1% 들어 있다.

포도당은 소화과정을 거치지 않고 그대로 소장에서 흡수되며 각 조직 세포내에서 산화되어 에너지의 급원이 된다. 그러므로 중환자나 수술환자, 기아상태 또는 극도로 피로한 사람에게 포도당 주사를 투여하면 쉽게 회복 될 수 있는 것은 열량 식품 중 가장 빠르게 효율적으로 이용 될 수 있는 영양소이기 때문이다. 그러나 섭취량이 과도하면 글라이코겐과 지방으로 전환되어 체내 저장이 되기도 한다.

② 다당류

다당류에는 인간의 소화기관 속에서 소화가 잘되는 전분과 소화가 되지 않는 식이 섬유질이 있는데, 소화가 잘되는 전분은 체내에서 흡수되어 열량으로 쉽게 이용될 수 있는 값싼 열량원이면서도 중요한 영양소라 하겠다. 섬유소, 반섬유소, 팩틴, 검 등은 사람의 소화기관내에서는 분해되지 않으나 장의 적절한 자극으로 변통을 도와 생리적인 측면, 기능적인 측면으로 볼 때 중요한 요소로 자리 잡고 있다. 특히 최근 식이 섬유소(dietary fiber)의 경우 그 기능성과 효과가 재조명되어 보고되면서 현대인의 식생활에서 중요한 위치를 확보하게 되었다.

(2) 탄수화물은 우리 몸에서 어떤 역할을 하는가 ?

탄수화물은 체내의 중요한 에너지원으로 1g 당 4Kcal의 열량을 발생하고, 혈액에 함유된 혈당은 0.1% 정도로 정상혈당을 유지해 준다.

대부분의 열량을 공급하는 탄수화물은 충분히 섭취하지 못할 경우 단백질이 대신 에너지원으로 사용되어 단백질 본래의 역할인 신체구성과 보수를 할 수 없게 되는데 이를 단백질 조절작용이라 한다. 또한 감미료로 널리 이용되는 설탕과 과당, 맥아당은 식품의 맛을 증진시키며 영양 섭취를 증가키는 역할을 하며 섬유질은 열량원으로 사용되지는 않으나 장의 운동을 도와 변비를 예방하고 장의 기능을 촉진시켜 결과적으로 피부미용에 큰 역할을 한다.

탄수화물과 관계되는 질병으로는 당뇨병과 저혈당증, 유당불내증, 갈락토세미아 등이 있으며 인슐린의 부족이나 기능이상 또는 길항 작용을 하는 호르몬의 상대적 부족으로 인한 탄수화물의 대사이상에 의한 질병이 당뇨병이다.

(3) 식이 섬유소와 미용과의 관계는 ?

① 식이 섬유란 무엇인가

식이 섬유란 1972년 Trowell박사에 의하여 최초로 생리적 의미를 갖는 성분이라고 알려진 후 식이 섬유에 대한 새로운 발견이 거듭 연구되면서 최근 식이 섬유에 대한 정의가 다음과 같이 내려졌다. 식이 섬유는 '인간의 소화효소로써 가수분해되지 않는 식품 중의 난소화성 성분의 총체'라고 정의하였다.

식이 섬유는 탄수화물에 속하지만 소화되지 않으므로 영양소로서의 가치는 없다. 그러나 최근 식이 섬유소가 영양소 못지 않게 중요한 인자로 주목을 받게 되면서 영양학뿐 아니라 의학계, 미용계 등 각 분야에서 다양하게 이용되고 있다.

② 식이 섬유! 알아두면 예뻐진다(?)

최근까지 알려진 식이 섬유의 종류는 광범위하며 그 종류도 다양한데, 불용성 식이 섬유(용해되기 어려운 세포벽의 구조물질)와 용해성 식이 섬유(용해되기 쉬운 비 구조물질)로 나눌 수 있다.

식이 섬유의 종류, 해당 급원 식품, 생리적 효과 등을 다음 표 2-1에 제시하였다. 또한 식이 섬유소별 급원 식품은 표 2-2와 같다.

(표 2-1) 식이섬유, 생리효과

	기원	카테고리	분 류	급원식품	생리적 효과
불용해성 식이섬유	세포벽의 구조물질	비당질성 당질 당질	리그닌 셀룰로즈 헤미셀룰로즈	채소 밀· 현미· 보리 곡류· 채소	미상 분(대변)의 양을 증대 소화관 내에 체류시간 단축, 분의 양 증대
용해성 식이섬유	비구조 당질	당질 당질 당질	펙틴 껌 해조다당류	과실류(감귤· 사과) 두류· 귀리· 보리 해조류	만복감 부여 포도당 흡수 지연 혈청 콜레스테롤의 저히

(표 2-2) 식이섬유와 급원식품

	섬유소	헤미셀룰로즈	껌류	펙틴	리그닌
급원식품	통밀가루, 밀기울, 배아, 캐비지,완두콩, 청대콩, 동부콩, 브로컬리, 오이껍질, 풋고추, 사과, 당근, 셀러리	밀배아, 곡류, 현미, 양배추, 아욱, 무청, 무	귀리, 보리, 말린콩	사과, 귤, 딸기, 감자, 호박, 컬리 플라워, 감자당근, 감자, 청대콩	골류, 밀배아, 늙은채소, 가지, 배, 무속, 청대콩

식이 섬유는 일반적으로 고분자 화합물로 여러 가지 물리, 화학적 성질을 나타낸다. 식이 섬유의 특징은 우수한 보수성, 양이온 교환 능력, 유기화합물의 흡착 능력, 겔 형성 능력 등으로 식이 섬유의 종류에 따라 그 성질과 역할은 다르다.

특히, 식이 섬유의 소화기관 내에서 수행하는 중요한 역할은 다음과 같다.

㉠ 소화관의 움직임을 활발하게 한다.

㉡ 변의 용적을 증가시킨다,

㉢ 내용물의 소화관 통과 시간을 단축시킨다.

㉣ 장 내부의 압력 또는 복압을 저하시킨다.

㉤ 식사 성분의 소화 흡수를 저하시킨다.

㉥ 장과 간에 순환하는 담즙산을 감소시킨다.

㉦ 장내 세균의 종류를 변동시킨다.

그러나 아무리 그 생리적 기능이 뛰어난 식이 섬유라 하더라도 지나친 섭취는 다른 영양소의 흡수를 저해하는데 특히 미량 영양소인 비타민과 무기질은 다른 영양소에 비해 소량 섭취하는 원소로 각별히 유의하여야 한다. 또한 우리 나라 사람들에게 특히 부족한 칼슘과 철분의 경우 고 섬유질 식사시에는 더욱 주의를 해야 하겠다. 한편, 식이 섬유소의 효과가 발표되면서 그 효능이 과장되거나 미확인 된 이론도 적지 않으므로 지속적인 연구와 선택적인 수용이 필요하다.

[2] 지질이란 무엇인가

우리 나라의 경제수준이 향상되면서 식생활의 양상도 빠르게 변화되고 보건의 형태도 달라지고 있다. 일반인들도 과거에는 지질, 즉 열량이 높은 것을 영양이 좋은 것이라 여겨왔으나 현재에는 성인병의 주범으로 여겨 절대적으로 기피하는 반응까지 나타나고 있다.

지질과 에너지의 과잉 섭취는 지방조직을 증가시켜 비만을 초래하고 혈중 콜레스테롤 농도를 증가시켜 동맥경화증, 심장병, 암 등의 발병요인으로 지탄받고있다. 최근에는 그 부정적인 측면이 지나치게 부각되고 있으나 지질은 반드시 해로운 것만은 아니다. 체내의 여러 가지 주요한 기능을 유지하는데 꼭 필요한 물질이므로 그 중요성을 간과해서는 안 된다.

지질(lipid)과 지방(fat)이라는 용어는 자주 혼동해서 사용되는데, 지질은 지방, 기름, 유지의 유사물질 들을 통칭하는 용어로 지방은 지질 안에 속하며 동물성 고체기름을 의미하는 것이다.

지질은 3대 영양소의 하나로 단백질과 탄수화물이 수용성인데 비해 지질은 지용성으로 물에는 녹지 않고 유기용매에 잘 녹는 성질을 가지고 있다. 화학적으로는 유기물이며 탄소(C), 산소(O), 수소(H)로 구성되어 있다. 또한 지질은 다른 영양소에 비해 고열량을 내는 영양소로 1g당 9Kcal를 내는 것이 큰 차이점이다.

한편, 지질은 유기용매에 용해되나 물에는 녹지 않으므로 음식물로 체내에 들어와서는 조직 내에 흡수될 때 단독으로 존재하는 경우가 없이 항상 단백질과 결합한 지단백질(Lipo-protein)의 형태로 조직과 조직사이를, 세포와 세포사이를 이동한다.

(1) 지질은 미용영양에 꼭 필요하다 (?)

지질은 좋은 에너지원이 되기도 하지만 또한 중요한 생체 성분이기도 한데, 에너지의 저장 형태인 중성지질, 생체의 세포막 주성분인 인지질, 호르몬의 주성분이 되는 콜레스테롤 등의 존재가 바로 이것이다.

지질은 영양학적인 의미로 농축된 에너지원은 물론 필수 지방산의 급원이며 지용성 비타민의 체내 이용률을 상승시킨다는 점과 비타민 B_1의 절약 작용, 뼈의 석회화 촉진 등, 그 필요성이 인정되나, 반면 지질의 과다 섭취는 혈액, 심장 순환기계의 질병과 밀접한 관계가 있으므로 지질 섭취의 최적량이 얼마인가에 대해 간단히 결론내리기는 어렵다.

지질은 중성지질, 복합지질 그리고 유도지질로 분류하고 지질을 체내에서 가수분해하면 글리세린과 지방산이 에스테르 결합한 화합물이다.

지질의 성질 중 미용영양에서 많이 활용하는 것을 정리하면 다음과 같다.

① 지질에는 유화 작용이 있다.

한 액체가 또 다른 액체에 분산하는 과정을 유화라고 하며 유화를 돕는 물질을 유화제라고 한다. 유화를 이용한 것으로는 비누, 담즙산염, 레시틴, 단백질, 중성세제 등을 예로 들 수 있다. 세포 내에 들어 있는 지방들은 레시틴(lecithin)이나 단백질 등에 의하여 유화 된 상태로 존재하고 있는 것이다.

유즙(乳汁)이나 계란 노른자 등에 함유되어 있는 지질은 잘 융화된 상태로 존재하며 뇌 조직을 비롯한 중요한 신체기관에 있는 지질들도 모두 융화된 상태로 존재한다. 식품 중에는 마요네즈가 바로 계란 노른자 속에 있는 레시틴과 단백질의 작용을 이용하여 기름과 식초를 인공적으로 혼합 유화한 것이다.

② 지질의 산패! 이에 따른 과산화 지질의 생성

지질은 공기 중에 산소와 쉽게 결합하여 불쾌한 냄새와 점도의 변화로 미끈거리며, 동시에 맛도 쓴맛이 나는데 이러한 현상을 산패라고 한다.

지질이 산패하면 과산화 물질이 생성되며, 고도의 불포화 지방산을 많이 함유한 기름(oil)일수록 공기, 습기, 광선, 온도, 용기, 세균 등의 영향을 받아 변패하기 쉽다. 이러한 산패 작용은 고온에서 그 산패 속도가 빠르며, 광선은 이를 더욱 촉진시킨다. 그러므로 이러한 산패를 막기 위해서는 공기와의 접촉을 막고 보관장소는 서늘하고 그늘진 곳이 적당하다.

지질이 함유되어 있는 식품과 유제품들은 항산화제를 첨가하여 산패를 막고 있으며 또한 자연적으로 산화를 방지하는 항산화제가 함유되어 있는데, 참기름이나 면실유 등은 항산화제인 비타민 E(α-tocopherol)가 함유되어 있어 불포화도가 높은 지방산을 가지고 있다 하더라도 산패가 쉽게 일어나지 않는다. 비타민C나 구연산도 산화작용을 방지하는 효과가 있다고 한다.

한편, 과산화지질은 불포화지방산에서 생성되는데, 세포 내에 존재하는 불포화지방산에서 생성된 과산화지질은 혈관 벽의 세포막을 손상시켜 동맥경화를 일으키기도 하고 세포의 노화를 촉진시킨다. 따라서 다불포화지방산이라 할 지라도 과량 섭취하는 것은 주의를 기울여야 하며 비타민 E와 동시에 섭취하는 것도 좋은 방법이라 할 수 있겠다.

③ 반드시 섭취해야 하는 필수지방산! 리놀레산

필수지방산이란 우리 인체 내에서 합성되지 않아 반드시 식품으로 섭취해야 하는 것으로 현재 리놀레산 하나만을 정하고 있다. 이러한 필수지방산은 다불포화지방산의 형태로 식물성 기름과 생선기름에 다량 함유되어 있다.

리놀레산이 결핍되면 피부가 붉어지고 자극성이 있게 되며 쉽게 감염된다. 뿐만 아니라 간 기능이 저하되는 등 리놀레산의 결핍 증세가 나타나게 되는데, 이때 리놀레산을 섭취하면 이러한 증세는 없어지고 정상화된다. 특히 신생아나 영아에게는 필수지방산이 부족하게 될 경우 습진성 피부염(eczema)이 발생하고 성장발육에도 지장을 초래하게 된다. 모유는 우유보다 이러한 필수지방산의 함량이 높은 것으로 나타나 어린이 영양에 있어 매우 우수한 것으로 증명되었다. 한편, 이러한 필수지방산에 관한 최근의 연구에서 ω-6계열 지방산, ω-3계열 지방산이 알려지면서 성인병, 특히 심장 순환기계 질환의 예방과 밀접한 관계가 규명되어 그 중요성이 강조되고 있다. ω(omega)-6계열 지방산과 ω-3계열 지방산은 모두 혈액의 콜레스테롤을 저하시키는데 효과적인 것으로 나타났으며 ω-3계열 지방산은 종양의 성장을 억제하는 효과도 있음이 지속적으로 밝혀지고 있다. 특히 ω-3계열 지방산인 EPA(eicosapentaenoic acid)와 DHA(d-ocosahexaenoic acid)의 등장으로 각종 식품과 기능성 화장품에 활용되고 있으나 이에 대한 심층적인 연구가 더욱 필요하리라 본다.

(2) 지질이 체내에서 하는 역할은?

지질의 주된 생리적 기능은 고열량을 내는 에너지원으로 필수지방산을 공급, 체내 지용성 비타민을 운반하고 체지방 조직을 구성하는 체구성성분이기도 하다. 체온을 일정하게 유지하기 위한 단열재로서의 작용과 중요한 장기를 외부의 충격에 의해 보호할 수 있는 보호막의 역할도 하고 있으며 기타 비타민 B_1의 절약작용, 소화를 서서히 시켜 위의 만복감을 오랫동안 지속시키는 작용을 한다.

(3) 성인병과 지질은 어떤 관계일까요 ?

과도한 지질의 섭취는 체지방의 과잉 축적을 발생시키고 암 발생의 촉진과 심혈관계 질환 등의 성인병과의 밀접한 관계가 있음이 연구결과 나타나고 있다. 한편, 이러한 성인병의 원인으로 콜레스테롤(cholesterol)이 주목되고 있고 따라서 식품 내의 콜레스테롤을 과도하게 두려워하고 이를 다량 함유한 식품들을 무조건 기피하려 하고 있는 실정이다. 그러나 콜레스테롤은 우리의 몸 안에서 여러 가지로 중요한 역할을 하며, 또한 콜레스테롤은 체내에서 합성되기도 하기 때문에 단지 식품만 기피한다고 해서 체내 콜레스테롤을 저하시킬 수 있는 것은 아니다.

콜레스테롤의 체내 기능으로는 지방의 소화에 반드시 필요한 답즙산을 생산하고, 여러 종류의 호르몬의 전구체가 되며, 또 태양광선의 도움으로 피하에서 비타민 D를 합성한다. 그 외 뇌와 신경세포의 구성성분으로 중요한 역할을 하는 반면 동맥경화증을 유발하는 원인 물질이기도 하다. 또한 동맥의 벽에 콜레스테롤이나 지방의 찌꺼기가 끼게 되면 혈관이 좁아지고 혈액의 유통이 원할하지 못하여 이러한 혈관 벽은 탄력을 잃게 된다. 결과적으로 관상동맥경화가 생기게 되면 심근경색증을 유발하고, 또 뇌동맥에는 뇌연화 또는 뇌경색증을 유발한다.

콜레스테롤은 혈청 내 단독으로 존재하지 않고 단백질과 결합된 지단백의 형태로 존재하므로 LDL-콜레스테롤과 HDL-콜레스테롤 두가지 형태로 나누어 진다.

그 중 LDL-콜레스테롤의 증가가 성인병을 유발하는 원인으로 보고되어 있으며 이와는 반대로 HDL-콜레스테롤은 질병을 억제하는 역할을 하는 것으로 나타났다. 또한 혈청 내 LDL-콜레스테롤이 증가하면 HDL-콜레스테롤은 감소하고 HDL-콜레스테롤이 증가하면 LDL-콜레스테롤이 감소하는 것으로 알려져 있으며 필수지방산 중 리놀레산은 콜레스테롤을 저하시키는데 효과적인 역할을 하여 결국 고지혈증의 저하 작용을 하는 것으로 알려져 있다.

* 저밀도 지단백-콜레스테롤(low-density lipoprotein-cholesterol)
* 고밀도 지단백-콜레스테롤(high-density lipoprotein-cholesterol)

(4) 지질은 어느정도 섭취해야 하나요?

지질을 과잉으로 섭취하는 경우 콜레스테롤의 경우와 같은 여러 가지 성인병을 유발하게 되는데 고지혈증, 관상동맥경화증, 심장병, 당뇨병, 유방암, 장암 등의 발생률이 매우 높다. 특히 지질의 형태가 동물성 지질인 경우 식물성 지질에 비해 위험도가 더욱 가중되게 된다. 그러나 불포화지방산이 좋다고 하여 무조건 다량의 식물성 기름과 생선기름만을 섭취하면 체내에서의 산패로 인한 과산화 물질의 증가와 이를 방지하기 위한 항산화제인 비타민E의 필요량이 계속 증가하게 되므로 포화지방산과 불포화지방산과의 비율, 즉 P/S를 1 : 1 또는 1.5 : 1 정도로 유지하는 것이 바람직하다.

한편, 지질 섭취를 무조건 기피하여 부족하게 되는 경우에는 필수지방산의 부족에 따른 성장부진, 습진성 피부염, 저항력 감소 등 지질대사가 전반적으로 영향을 받게 되어 부진하게 된다. 또한 혈액 중 콜레스테롤과 중성지방의 함량이 증가하게 되는데, 하루 섭취해야하는 지질의 양은 개인별로 차이가 있으나 다음과 같이 제안하고 있다.

① 섭취하는 총열량 중 20~25%를 지질을 섭취할 것

② 필수지방산은 총열량 중 2%를 유지할 것

③ P/S의 비율은 1 : 1또는 1.5 : 1을 유지할 것

3 단백질과 미용영양

단백질(protein)은 동・식물조직에 있는 모든 세포의 구조적, 기능적 특성을 위하여 필수적인 역할을 담당하고 있으며 모든 생물의 생명 유지를 위한 필수적인 영양소이다. 동물의 신체는 60%의 물, 20%의 단백질로 구성되어 있으며 근육, 장기, 혈액. 신경, 뼈, 피부, 머리카락, 손톱, 발톱, 효소, 호르몬, 면역체 등이 단백질로 되어 있다.

단백질은 유기화합물로 탄소(C), 수소(H), 산소(O) 및 질소(N) 등의 원소로 구성되어 있는데, 탄수화물과 지질과의 차이점은 바로 질소의 함유이다.

단백질은 체내로 들어와 소화, 흡수, 대사의 과정을 거치게 되면 아미노산(amino-acid)으로 최종 분해되고 아미노산의 펩타이드 결합(peptide bond)에 의해서 단백질을 구성한다.

우리의 체내에서 이용되는 아미노산은 22종으로 이 중 8~10종은 체내에서 합성되지 않는 것으로 외부에서 식품으로 공급해야 하는 필수아미노산이며 이러한 필수아미노산의 함량에 따라 단백질의 질이 평가된다.
필수아미노산과 불필수아미노산을 표로 제시하였다(표 2-3).

불필수아미노산이란 필요 없는 것이 아니라 체내에서 합성이 되므로 꼭 외부에서 공급하지 않아도 되는 것을 말한다. 이 중 시스테인(cysteine)은 머리카

락에 존재하며 유황을 함유하고 있어 미용을 위한 퍼머(permanent press)는 바로 이 아미노산의 화학적인 작용을 활용하는 것이다.

(표 2-3) 필수 아미노산과 불필수 아미노산

필수아미노산	불필수아미노산
histidine	alanine
isoleucine	arginine
leucine	asparagine
lysine	aspartic acid
methionine*	cysteine*(and cystine*†)
phenylalanine	glutamic acid
threonine	glutamine
tryptophan	glycine
valine	hydroxylysine
	hydroxyproline
	proline
	serine
	tyrosine ††

* methionine, cysteine, cystine은 유황(S)을 함유하고 있다.
† cysteine은 두 개의 cystine으로 만들어진다.
†† tyrosine은 phenylalanine으로부터 합성된다.

(1) 단백질은 체내에서 어떤 역할을 하는가 ?

단백질은 분해되어 아미노산으로 흡수되고 혈액에 의하여 각 조직으로 운반되는데, 그 역할은 다음과 같다.

① 새로운 조직의 합성과 보수의 기능

세포 원형질의 주성분은 단백질이므로 새로운 조직을 구성하기 위해서는 필수적이다. 식이 단백질의 부족은 뇌와 근육의 형성, 혈액의 공급 등에 영향을 주고 성장이 지연되며 또한 체내 단백질은 심한 출혈, 심한 외상, 화상, 외과적인 수술 및 뼈의 골절 등과 같은 질환에 의해 손상된 부분의 조직을 보수하여 다시 만들어 주는 역할을 한다.

② 효소, 호르몬 및 항체의 형성

단백질은 각종 효소(enzyme)의 주요성분이다. 음식은 소화되는 동안 화학적인 변화가 일어나는데 이때 효소가 필요하며, 호르몬 중 티록신, 아드레날린, 티로신, 인슐린 등은 단백질이나 아미노산의 유도체이다. 또한 질병에 대한 저항력을 갖게 하는 물질인 항체는 박테리아, 바이러스 및 다른 미생물들로부터 보호하기 위해 체내 단백질에 의해 만들어진다. 따라서 단백질이 부족할 경우 질병에 걸리기가 쉽다.

③ 혈장단백질의 형성

혈장단백은 주로 알부민, 글로눌린, 피브리노겐이 있으며 대부분 간에서 만들어진다.

④ 체내 대사과정의 조절

체내에서 수분평형과 무기질평형을 조절한다. 세포막내에 있는 단백질은 세포에 특정한 전해질의 양을 조절한다. 전해질 기능은 신경과 근육의 기능에 중요한 역할을 담당하며 체내 수분평형도 조절할 수 있다. 또한 단백질은 양성화합물이므로 산과 알카리의 평형을 조절한다.

⑤ 열량의 공급

단백질 1g은 4Kcal의 열량을 공급하며 인체는 단백질이 가능한 단백질 고유의 기능에 이용될 수 있도록 탄수화물과 지질을 먼저 에너지원으로 사용하고 난 후 에너지원으로 사용하도록 되어 있다.

(2) 상호보조작용과 질소의 평형에 필요한 단백질

① 단백질의 상호 보조작용

체내에서 단백질을 합성하기 위해서는 필수아미노산이 필요한데 식품 속에 있는 필수아미노산의 함량이 적거나, 존재하지 않는 경우 최저량의 아미노산을 제한아미노산(limiting amino acid) 이라 하며 이것을 보완하기 위해 아미노산이 풍부하게 들어 있는 다른 식품이나 부족한 아미노산을 다량 함유하고 있는 식품을 함께 섭취함으로써 상호보완 작용을 통한 완전단백질을 공급받을 수 있고 합성도 원활하게 이루어 질 수 있다.

② 질소의 평형

단백질은 구성원소 중 질소를 함유하는데 단백질 1g당 약 16%정도 함유하고 있다. 단백질 식품을 섭취하면 대사에서 생성되는 질소는 소변을 통하여 체외로 배설되기 때문에 단백질의 섭취량을 측정할 수 있다.

성장발육이 완성된 성인의 경우 소모된 조직은 보수가 되므로 전체아미노산의 양적 변화는 거의 없다. 또한 성인은 단백질을 저장하지 않으므로 질소의 섭취량은 질소의 배설량과 같은데 이것을 질소의 평형(nitrogen equilibrium)이라고 한다. 질소의 평형은 세 가지로 구분할 수 있다.

질소의 평형- N섭취=N배설 : 조직의 유지와 보수
양의 질소 평형-N섭취>N배설 : 조직의 성장, 임신기 성장기 아동, 청소년기
음의 질소 평형-N섭취<N배설 : 신체의 소모, 체중 감소, 기아

(3) 단백질의 과잉 혹은 부족시 우리의 몸은 어떻게 될까 ?

단백질이 부족하면 피부에 탄력성이 없어지고 근육은 긴장이 저하되어 연약하게 되며, 빈혈현상이 자주 나타나고 면역성이 낮아져 다른 전염성 질환도 발생하게 된다. 또한 영양실조성 설사가 뒤따르며 이러한 현상이 장기화되면 혈액 단백질의 농도가 저하되고 부종이 나타나게 된다. 단백질의 부족은 성인은 물론 성장기 어린이에게는 심각한 상태를 야기하는데, 미개발국가, 개발도상국의 경우 장기간의 단백질 부족인 카시오카(kwashiorkor)라는 질병이 심각한 사회적 문제가 되고 있다. 이와는 반대로 단백질은 과잉 섭취하였을 경우 단백질이 에너지원으로 쓰이고 여분의 단백질은 탄수화물 또는 지질로 전환하여 체내에 저장되는데 곧 체중증가현상을 초래한다. 또한 지나친 단백질의 섭취는 변비를 일으키고, 체외로 칼슘의 유출을 유도한다

단백질의 필요량은 성별, 연령, 생리적 상태(임신, 수유 등)에 의하여 각기 다르며 건강한 성인이라고 해도 그 개인차는 대단히 크다.

한편, 단백질의 권장량은 한국인의 영양권장량 표 1-1을 참고로 하며 총 단백질의 1/3은 양질의 단백질(동물성단백질, 두류 단백질)에서 섭취하여야 한다.

(4) 단백질 섭취를 위해선 이런 식품을 먹자!

대체로 동물성 단백질은 단백질의 함량이 많고 필수아미노산이 풍부한 양질의 완전단백질로 생선, 달걀, 치즈, 우유 등에는 생물가가 높은 완전 단백질이 많이 함유되어 있다. 그러나 젤라틴은 동물성 단백질이라고 해도 생물가가 낮은 불완전단백질에 속한다.

식물성 단백질 중 대두와 같은 두류 단백질은 양질의 단백질을 다량 함유하고 있으며, 그 외의 곡류는 부분적으로 불완전단백질을 함유하며 채소에는 단백질의 함량이 매우 적게 들어 있다.

4 미용을 위한 비타민! 자세히 알고 싶어요.

20세기 초까지만 하더라도 에너지를 내는 3대 영양소와 무기질만이 영양소라고 여겨왔다. 그러나 동물이 생명을 유지하기 위해서는 에너지를 내는 영양소 뿐 아니라 효소와 호르몬과 같은 생체 화합물의 역할도 매우 중요하다. 따라서 이들을 구성하고 기능을 도와주는 촉매제의 역할을 하는 비타민이나 무기질 등의 영양소도 반드시 필요하다 하겠다.

20세기 중・후반까지도 그 원인이 밝혀지지 않아 치료 불가능한 질병으로 알려져 왔던 각기병, 괴혈병, 펠라그라, 구루병, 야맹증, 악성 빈혈 등의 질병들을 연구하는 과정 중에 이들 질병들과 관계가 깊은 새로운 물질들을 발견하게 되었는데 이것이 비타민이다. 비타민의 고유명은 알파벳 순서나 그 물질의 특징, 발견 과학자의 이름 등을 고려하여 명명하였고 여러 종류의 물질들을 공통점이 있는 것끼리 묶고 용해도에 따라 지용성 비타민(fat-soluble vitamin)과 수용성 비타민(water-soluble vitamin)으로 분류하였다.

비타민은 다음과 같은 조건을 만족할 때 비로소 정의 할 수 있다. 즉 비타민은 필수 영양소로 생명현상 유지, 성장, 번식 등 열량소와 구성소의 체내 기능을 수행하고 조절하는데 꼭 필요하며 1일 필요량은 미량이지만 없어서는 안되는 영양소이다. 또한 현재까지 밝혀진 비타민은 20여종으로 유기물이며 탄소 수소 산소로 되어 있고 무기질과는 구별된다. 특히 비타민은 대부분 체내에서 합성되지 않으므로 매일 음식물로 섭취해야 하며 부족시 특유의 결핍증이 나타난다.

☞ 잠깐! 알아둡시다.

비타민 영양제 복용

최근 건강에 대한 지나친 관심으로 다량의 비타민제제를 복용하는 것을 흔히 볼 수 있다. 음식물로 섭취하는 것을 제외하고 영양제로서 정제나 분말, 액상의 형태로 매일 복용하는 것은 일부 비타민제제의 결핍증이 나타날 경우의 복용은 필요하나, 건강한 일상생활을 영위하는 사람일 경우에는 특별히 필요하지는 않다. 그리고 약제보다는 음식물로서 섭취하는 것이 가장 좋은 섭취 방법이라 할 수 있다. 만약 장기간 일정 비타민제를 복용하는 경우는 권장량보다 더 많은 양을 섭취하는 경우가 많아 과잉증세가 나타나기도 하며 점점 더 많은 양의 섭취가 필요한 경우가 발생하기도 한다. 그리고 복용을 중단할 경우에는 하루 권장량을 충분히 섭취함에도 불구하고 결핍증이 발현되기도 하며 유독 증세가 발견되기도 한다. 그러므로 비타민 영양 강화제의 섭취는 신중히 고려되어야 한다.

(1) 비타민은 어떤 기능을 가지고 있는가 ?

비타민은 크게 지용성비타민과 수용성 비타민으로 대별하여 여러 가지 공통된 성질들을 나타낸다.

지용성 비타민에는 비타민 A, 비타민 D(D_2, D_3), 비타민 E, 비타민 K가 속하며 수용성 비타민에는 비타민 B군으로 비타민 B_1(thiamine), 비타민 B_2(ribofla-vin), 비타민 B_6 (pyridoxine), 비타민 B_{12} (cobalamine), 비오틴(biotin), 니코틴

산(nicotinic acid), 판토텐산(pantothenic acid), 콜린(choline), 엽산(folic acid) 등과 비타민C(ascorbic acid)를 포함한다.

지용성 비타민은 물에 용해되지 않고 기름이나 유기용매에 녹는 성질을 가지고 있으며 하루에 필요량보다 더 섭취했을 경우 체내에 소량 저장되므로 매일 섭취량이 부족해도 저장되어 있던 것으로 충당되어 결핍 증세가 서서히 나타난다.

수용성 비타민은 필요 이상 섭취하면 체내에 저장되지 않고 뇨 중으로 배설된다. 그러므로 매일 필요량을 섭취해야 하며 매일 공급해 주지 못할 경우에는 결핍증세가 지용성 비타민에 비해 비교적 빠르게 나타난다.

비타민은 체내에 들어와 각각의 독창적인 역할을 수행하지만 공통된 기능은 다음과 같다.

일반적으로 비타민은 신체의 기능을 조절한다. 즉 신체 내에서 일어나는 여러 가지 화학반응 중 섭취된 음식물의 소화, 흡수, 대사에 관여하는 효소 작용의 촉진을 도와주는 보조 효소로서의 기능을 가지고 있다. 이러한 일련의 화학반응에 관계하는 효소의 수는 약 500여종에 이르며, 이들 효소들은 단독 반응하거나 또는 다른 효소를 도와주는 경우도 있다. 대부분의 효소들은 단백질과 결합되어 있으며 비타민이 부족한 경우에는 이러한 화학 반응이 순조롭게 이루어지지 않고 중간 대사산물이 체내에 축적되어 좋지 않은 결과를 낳게 되는데, 이로 인해 신체의 균형이 깨어져 건강을 해치게 되고 영양결핍 증세가 나타나게 된다.

(2) 미용과 지용성 비타민의 관계는 ?

비타민 중에서도 지용성 비타민은 지질이나 기타 유기용매에 용해된다. 이들은 지방에 녹기 때문에 지질 식품에 많이 들어 있으며, 장 속에서 식품속의 지질과 함께 흡수된다. 따라서 지질 흡수에 영향을 미치는 요인들에 의해 지용성 비타민의 흡수도 영향을 받게 된다. 지용성 비타민은 체내에 흡수가 되면 간과 피하지방조직에 상당량 저장될 수 있기 때문에 매일의 식사를 통하여 반드시 섭취해야하는 것은 아니며, 과다하게 축적될 경우 과잉 중독증세(toxicity)가 생길 수 있다. 또한 이들은 물에 녹지 않기 때문에 소변으로 배설되지 않으며 주로 대변을 통하여 배설된다.

(표 2-4) 인체 기관에 나타난 영양소의 결핍증상

인체의 기관	결 핍 증 상	결핍된 영양소
눈	각막, 결막의 건조	비타민A
머리카락	광택이 없고 잘 빠짐	단백질
입	입술이 헐고 입가가 갈라지며 잇몸에 출혈	리보플라빈,나이아신 비타민 B_6, 철분 비타민C
혀	혀가 광택이 나고 붉어짐	리보플라빈, 나이아신
피 부	거칠고 건조하며 피부염, 광선에 노출시 화상에 의한 피부염과 흡사	비타민A, 필수지방산 리보플라빈,비타민B_6 나이아신
갑상선	부어오름	요오드
골 격	다리가 휘고 앞가슴이 튀어나오며 척추가 휨	비타민D, 비타민C
신경계	기능손상	티아민, 나이아신 비타민B_{12}
다 리	부종	단백질, 티아민

① 비타민 A(레티놀)! 그 기능을 알아보자.

* 상피조직의 건강유지

비타민 A는 사람의 성장과 발육을 촉진하는 비타민으로서 상피조직의 건강을 유지하는데 상피조직이란 신체의 외부층으로 여기에는 피부의 표면층과 소화기관, 호흡기관, 생식기관, 내분비기관, 눈의 점막 표면층이 모두 포함된다. 따라서 비타민 A가 결핍되면 부드럽고 축축했던 상피세포들은 점차 단단하고 건조한 각화성 조직으로 변하게 되며 각화가 점차 진행되면서 점액과 기타 다른 분비물의 분비기능이 상실되어 박테리아의 침입을 받기 쉽다.

* 정상적인 시력유지

어두운 곳에서도 물체를 감지 할 수 있도록 명암을 조절하는 시자홍의 구성성분이다. 비타민 A가 부족한 사람의 경우에는 밝은 광선 속에서 어두운 곳에 들어갔을 때 시각의 감지가 지연되는 증세를 보이게 되는데 이러한 현상을 야맹증이라 한다. 일반적으로 낮에 어두운 극장 속으로 들어갔을 때 2~3분 후면 시야를 볼 수 있게 되나 야맹증을 가진 사람은 시각을 회복하는 시간이 길어지게 된다.

*** 성장과 발달**

성장기 아동에게 비타민 A가 결핍되면 뼈의 성장이 저하되거나 중추신경계의 기계적 손상이 나타날 수 있다. 성장기 아동에게는 뼈조직보다 연조직의 성장이 빠른 속도로 일어나기 때문에 제대로 성장하지 못한 두개골과 척추 속에서 뇌와 척수가 압박을 받게 된다. 따라서 신경증세가 마비되고 정상적인 기능이 상실되어 운동능력이 소실되는 증세를 보이게 된다.

☞ 잠깐! 알아둡시다.

비타민A(레티놀)와 여드름 치료

최근 여러 가지 형태의 비타민 A가 여드름을 치료하는데 사용되고 있다. 비타민A는 피부를 포함한 상피조직을 건강하게 유지시키는 기능을 하기 때문에 여드름 치료에 도움이 될 수 있으리라는데 착안한 방법이다.

일반적으로 여드름은 비타민 A결핍이 원인이 되어 생기지는 않는다.

그러나 최근의 보고에 의하면, 심한 여드름 증세를 가진 환자에게는 하루 300,000-500,000I.U.의 레티놀을 4~5개월간 복용시켰을 때 효과적으로 치료되었다고 한다. 이때에는 과잉 섭취에서 오는 중독 증세가 뒤따르고 개개인의 과잉 섭취에 대한 과민성이 다르기 때문에 전문의사의 도움을 받으면서 치료를 해야 할 뿐만 아니라 레티놀의 과량투여는 5~6개월 이상을 초과해서는 안 되는 것으로 알려져 있다.

또 자연 성분으로 나타나는 13-cis-레티노익산(retinoic-acid)도 여드름 치료에 효과가 있다고 하나 이물질을 과량 투여했을 경우 부작용에 관해서는 앞으로 더 연구가 되어야 할 것이다. 한편, 레티노익산을 성분으로한 화장품도 제조되고 있는데 크림(cream), 로션(lotion)의 경우 피부에 바름으로써 치료효과를 보였다고 한다. 이때에도 피부가 충혈되거나 또는 벗겨지는 것과 같은 부작용을 일으킬 수 있으므로 전문가의 도움을 받아 치료해야 하며 기타 다른 비타민 A의 활성을 갖는 물질들도 여드름 치료에 효과가 있는 지는 아직까지 확실치 않으며 이에 관한 연구는 현재 지속적으로 이루어지고 있다.

＊ 정상적인 생식기능의 유지

비타민 A는 동물의 생식기능에도 손상을 주는데 비타민 A가 감소하면 스테로이드(steroid)합성에 필요한 효소를 감소시킴으로써 프로게스테론을 비롯한 성호르몬의 생성을 저하시키는 것으로 나타났다. 또한 비타민 A는 생체막의 구조와 기능을 유지하는 역할을 하고 있다.

* 비타민 A가 부족하면 저항력이 약화되어 감기와 결핵에 잘 걸리고 야맹증, 안구건조증 등이 나타날 수 있다. 비타민 A는 체내 저장성이 있어 과잉 섭취시 식욕 부진, 두통, 발열, 구토 등이 나타난다.

* 간, 생유, 버터, 난황 등의 동물성 식품에 많이 들어 있으며, 당근, 시금치, 고구마 등과 같은 녹황색 채소류에는 비타민 A의 전구체(pro-vitamin)라고 하는, 체내에서 비타민A로 전환되어 그 기능을 할 수 있는 물질이 함유되어 있다.

② 우리 몸은 비타민 D를 필요로 한다(?)

* 비타민 D는 다른 비타민과는 달리 반드시 음식물로 섭취해야만 하는 것이 아니라 일상생활 가운데 태양광선을 충분히 쬐면 비타민 D를 합성 할 수 있다.

사람의 피부와 머리카락에는 7-디하이드로콜레스테롤(dehydrocholesterol)이라는 스테롤물질이 함유되어 있는데 자외선을 받으면 비타민 D_3으로 전환된다.

이때의 자외선 효과는 계절과 거주위치에 따라 자외선의 강도가 다르며 체모, 창문의 유리 또는 연기, 안개, 먼지 등의 대기오염과 입고 있는 의복 등은 자외선을 흡수해 들인다. 또한 피부색에 따라서도 흑인은 백인에 비해 자외선의 투과율이 떨어진다고 하며, 실험에 의하면 양 손등을 정오에 햇빛에서 1시간을 쪼일 경우 하루에 필요한 비타민 D를 얻을 수 있다고 한다.

*** 골격의 석회화와 Ca 흡수촉진**

비타민 D는 골격의 석회화(calcification)가 정상적으로 이루어지기 위해서 필수적인 물질로 골격의 바탕이 되는 콜라겐 기질에 칼슘과 인의 결정체가 침착됨으로써 이루어지게 되는데 만약 석회화가 이루어지지 않을 경우 단단한 골격을 형성하지 못하게 된다. 골격의 석회화가 이루어지기 위해서는 골격을 둘러싸고 있는 체액의 칼슘농도가 매우 높아야하고, 이때 비타민 D는 특정 부위에 높은 칼슘의 농도를 유지시키는 역할을 한다.

즉 첫째, 장에서 칼슘과 인산염의 흡수를 증진시킨다. 둘째, 이미 석회화된 골격으로부터 혈액으로 칼슘을 이동시킨다. 셋째, 신장에서 칼슘과 인산염의 재흡수를 증가시킨다.

* 비타민 D가 부족하면 성장기 어린이는 골격이 연화되어 체중을 지탱할 수가 없게 되고 이에 따라 골격의 형태가 변하는 구루병이 발생하게 된다. 성인의 경우 뼛속의 칼슘이 과잉으로 용출되어 뼛속의 밀도가 낮아지는 골다공증이 생긴다.

* 과잉 섭취 시에는 식욕감퇴, 두통, 구토, 체중감소, 신장의 손상 등이 발생한다. 급원 식품으로는 어유 ,난황, 버터, 효모 등이 있고, 버섯에는 에르고스테롤(ergosterol)이라는 프로비타민 D가 들어 있다.

③ 비타민 E(토코페롤)로 젊음을 유지하자.

* 비타민 E는 토코페롤(tocopherol)이라 하며 체내 수많은 대사과정에서 중요한 역할을 하는 것으로 알려져 있으나 그 생리기능이 정확하게 밝혀져 있지는 않다.

* 비타민 E는 혈액에서 지단백에 의해 운반이 되고 혈액내 들어 있는 비타민 E는 주로 알파-토코페롤(α-tocopherol)의 형태로 전체 토코페롤 중 80%이상을 차지한다.

* 비타민 E의 주요 기능은 항산화제(anti-oxidant)로서의 역할로 비타민E는 세포막과 다른 세포안 구성물질의 표면을 둘러싸고 있는 막에서 인지질과 콜레스테롤과 접촉하게 된다. 인지질과 콜레스테롤은 다불포화지방산으로 산화되기 쉬운데, 불포화지방산은 산화되면서 자유기(free-radical)가 생성되고 이때 비타민 E, 즉 토코페롤이 존재하면 자유기를 불활성화 시켜 고도의 불포화지방산의 파괴와 세포의 손상을 예방하게 된다.

☞ **잠깐! 알아둡시다.**

불포화지방산

불포화지방산(unsaturated fatty acid)은 분자내에 1개 또는 그 이상의 이중결합(-CH=CH-)을 가지고 있는 지방산을 말한다. 인체 및 기타 동물에 있어 영양상 중요한 불포화 지방산은 올레산, 리놀레산, 리놀렌산, 아라키돈산 등이 있는데, 이 중 인체 내에서 꼭 필요하면서도 합성이 되지 않아 외부에서 공급해야 하는 지방산을 필수지방산이라 한다. 위의 지방산중 과거에는 리놀레산, 리놀렌산, 아라키돈산을 필수지방산으로 여겨왔으나 최근 결과에 의하면 리놀레산이 체내에 충분할 경우 리놀렌산과 아라키돈산은 합성가능 하다고 보고되고 있다.

* 비타민 E는 식물성 식품에 널리 존재하며 세포의 노화를 촉진시키는 과산화지질(지방산과 산소의 결합물)의 생성을 막는 항산화제의 역할을 하고 핵산과 햄(heme)의 합성과 세포의 호흡작용에 관여한다. 동물의 경우 생식기능을 정상적으로 유지시켜 유산과 불임을 예방한다는 결과도 있다.

* 비타민 E가 부족하면 근육이 위축되고 피부에 갈색 반점이 나타나며 혈구의 용혈이 일어난다. 급원식품으로는 식물의 열매와 배아속에 널리 손재한다.

☞ **잠깐! 알아둡시다.**

비타민 E와 셀레늄(Se)과의 관계

동물실험에 의하면 미량무기질인 셀레늄이 비타민 E의 기능을 대신한다라는 보고가 있다. 비타민 E의 결핍 증세에 대해 소량의 셀레늄을 투여한 결과 일부 비타민E의 기능을 하는 것으로 나타났다.

비타민E는 생체막의 산화를 막아 주는 주요한 물질이지만, 비타민 E가 적절하게 존재하는 때에라도 생체세포내에서는 약간의 과산화물이 형성된다. 셀레늄은 글루타치온 과산화효소(glutathione peroxidase)의 구성성분으로 세포에서 생성된 과산화물을 파괴시켜 과산화물에 의한 세포막의 손상을 막는 역할을 한다고 하는데, 생체막을 보호하는 역할에서 비타민 E와 셀레늄은 상호 보조적이라고 볼 수 있다.

④ 비타민 K는 어떤 역할을 하는가?

* 인체의 장내에서는 여러 가지 비타민이 합성되는데, 대부분의 합성된 비타민은 흡수되지 않고 대변으로 배설이 되나, 장속에서 합성된 비타민 K는 체내로 흡수가 된다. 그러므로 건강한 사람의 경우 일상 식사를 통하여 섭취하는 비타민 K에만 의존하지 않고 장내에서 합성된 비타민 K도 이용하게 된다.

* 비타민 K의 체내 기능은 혈액응고를 위하여 필수적인 물질이다. 혈액응고과정은 조직의 상처 혹은 혈소판의 변화로 시작해서 피브린의 형성으로 끝나는 일련의 반응으로 혈액의 응고는 단계적으로 진행되기 때문에 여러 관련 요인들 중 하나라도 없으면 전체과정은 진행 될 수 없다.

* 비타민 K는 장내세균에 의해 합성되므로 균형된 식사를 하는 건강한 사람에 있어서는 결핍증이 나타나지 않는다. 그러나 장기간의 장질환이나 설사 등의 질환이 계속되면 혈액응고가 지연되고 다량의 출혈 현상과 같은 부족증이 나타날 수 있다. 과잉증은 극히 드물긴 하나 근육의 약화, 피로, 설사 등의 부작용이 있기는 하다.

다음의 표 2-5는 지용성 비타민의 기능, 결핍증, 중독증 및 구원식품을 요약한 것이다.

(표 2-5) 지용성 비타민의 기능, 결핍증, 중독증 및 급원식품

비 타 민	기 능	결 핍 증	급원식품	중 독 증
비타민A (retinoids, carotinoids)	시력 유지, 성장 촉진, 피부와 안구 건조 방지	야맹증, 안구건조증(xerophthalmia), 성장 지연, 피부건조 (keratinization)	간, 생선, 우유, 계란노른자, 시금치, 감자, 당근, 브로콜리, 살구, 복숭아	태아기형, 피부 변화, 머리숱이 적어짐, 뼈통증
비타민D (cholecalciferol, ergocalciferol)	Ca과 P의 흡수 촉진, 뼈의 정상 유지	구루(rickets), 골연화증 (osteomalacia)	비타민D 강화우유, 어유, 참치, 연어, 계란, 버터, 마가린	성장지연, 신장손상, 연조직에 Ca 축적
비타민E (rocopherols, tocotrienols)	항산화제 : 비타민 A와 불포화 지방산 산화 방지, 생식에 관여	적혈구의 용혈, 신경파괴	식용유, 견과류, 버터, 마가린	근육 약화, 두통, 피로, 구역질
비타민K (phylloquinone, menaquinone)	혈액응고	출혈	브로콜리, 시금치, 양배추, 파슬리, 간, 마가린	빈혈, 황달

(3) 수용성 비타민은 어떤 기능을 하는가?

수용성 비타민은 지용성 비타민과 달리 물에 용해되고, 외부의 자극(열, 산, 알카리, 광선 등)에 의해 쉽게 변화하는 성질을 갖고 있어 비교적 안정하지 못하다. 또한 수용성 비타민은 체내에 저장되지 않으므로 식사를 통하여 필요량 이상 과다하게 섭취하면 대부분 소변으로 배설이 된다. 그러므로 지용성 비타민과는 달리 매일의 식사를 통해 섭취하여야 한다. 수용성 비타민에는 비타민 B복합체와 비타민 C 등이 있다.

① 비타민 B_1(thiamin)은 왜 필요할까요?

* 티아민은 탄수화물, 지방, 단백질 등 3대 열량소로부터 에너지를 생산하는 과정 중에 중요한 역할을 한다. 특히 탄수화물 대사과정 중 탈카르복실 효소의 조효소 역할을 하며, 케톨 전이효소의 조효소가 된다. 또한 말초신경의 정상적인 기능에도 필요하다.

* 식사를 통한 티아민의 흡수는 소장에서 이루어지며 보통 정상식사를 통하여 5mg/day이하 섭취시 완전 흡수되나 그 이상의 섭취는 일부 배설된다. 티아민은 장의 점막세포로 들어간 후 곧 인산화 반응을 일으켜 활성 조효소 형태(TPP)로 전환하여 문맥과 간을 지나서 순환계로 들어간다.

* 비타민B_1은 포도당 대사에 반드시 필요한 영양소이므로 당질의 섭취량이 증가할수록 필요량이 더 많아진다. 비타민 B_1이 부족하게 되면 포도당이 완전히 분해되지 못해 피루브산(pyruvic acid)과 젖산(lactic acid)이 축적되어 피로감, 식욕감퇴, 무기력증 등의 증상이 나타난다. 결핍증세가 심한 경우 말초신경의 마비, 경련, 하지의 부종이 더욱 심각해지며 심장의 장애를 동반하는 다발성 신경염을 일으키기도 한다. 이러한 증상을 각기병이라 하며 백미를 주식으로 하는 지역에서 자주 발견된다.

* 수용성 비타민인 티아민은 체내에 축적되지 않고 소변으로 배설되므로 매끼 식사에서 공급해야 한다. 티아민의 급원식품으로 두류, 배아, 돼지고기 등이 있다.

② 촉촉한 입술을 위해서는 비타민 B_2(reboflavin)를 섭취하자.

* 생체조직 세포내에서 리보플라빈은 인산과 결합하여 생체활성을 갖는 조효소로 작용을 한다. 리보플라빈의 체내 저장량은 매우 제한적이며 과량의 리보플라빈을 섭취하게 될 경우 흡수율이 낮아질 뿐 아니라 소변으로 배설되게 된다.

* 리보플라빈은 피루브산이 아세틸 코엔자임 A로 산화될 때 조효소로 관여하며 지방산의 베타-산화과정과 아미노산의 탈아미노반응에도 필요한 조효소이다. 또한 탄수화물의 대사시 호흡연쇄상 과정에서 열량원으로 부터의 에너지 방출과 ATP생성에 참여한다. 따라서 탄수화물, 단백질, 지방 대사에 모두 관여하므로 리보플라빈이 부족하게 되면 체내 열량소의 산화과정이 전반적으로 영향을 받게 된다.

* 수용액 상태에서 녹황색 형광빛을 내므로 황색 비타민이라고도 불린다. 비타민B_2는 인과 결합하여 탄수화물, 단백질, 지방의 대사에 관여하는 보조효소를 형성하여 발육, 성장 촉진, 생식과 유즙 분비 등에도 관여한다.
한편, 비타민 B_2가 부족된 식사를 계속할 경우 성장이 부진하고 입 주위가 헐어 찢어지는 구각, 구순염이 발생하며 안구의 광과민 증상이 생긴다.
비타민 B_2는 식품계에 널리 분포되어 있지 않으므로 편식을 할 경우 부족되기 쉬우며 급원 식품으로는 우유 및 유제품, 달걀, 수조육류 등이 있다.

③ 나이아신(niacin) 에 대해 알아봅시다.

* 체조직 세포는 나이아신을 구성하는 성분으로 탄수화물, 단백질, 지방 대사에 관여하는 효소를 활성화시키는 보조 효소를 형성하여 산화 환원 반응을 원활하게 한다.

* 나이아신이 부족된 식사를 계속할 경우 설사와 정신 착란을 동반하는 펠라그라(pellagra)라는 피부병에 걸리게 되는데, 이 피부병은 손등, 목, 얼굴 등에 대칭적으로 나타나며 햇빛에 노출되면 화상을 입은 것 같은 흑색 피부염을 일으킨다.

* 나이아신은 권장량(20mg)의 5배를 섭취하게 되면 손과 목, 얼굴의 모세혈관에 혈액이 과잉으로 모여 붉어지는 현상(niacin flush)이 나타나며 두통, 가려움증, 복통 등과 함께 간 기능을 방해하여 혈당을 비정상적으로 높인다. 나이아신은 간이나 육류 식품에 많이 들어있으며 아미노산인 트립토판(tryptophan)에서 전환된다.

④ 비타민 B_6(pyridoxine)! 무슨 역할을 하나.

* 비타민 B_6는 아미노산 대사와 단백질 합성의 조효소 역할을 하며 산화 환원 작용에 관련된 효소의 구성 물질이다.

* 비타민 B_6의 부족 시는 피로, 피부염, 빈혈이 생긴다. 비타민 B_6(피리독신)는 여성에 있어 생리적 증후군(premenstrual syndrom)을 조절하려는 목적으로 복용할 경우 호르몬의 변동으로 인한 피로, 체중증가, 우울증, 불쾌감, 두통 등의 부작용을 초래한다. 비타민 B_6은 간, 어육, 내장, 밀의 배아, 두류, 감자, 바나나, 당근, 양배추 등에 많이 함유되어 있다.

⑤ 채식주의자에게 부족한 비타민 B_{12}(cobalamine)

* 비타민 B_{12}는 정상적인 성장, 건전한 신경조직의 유지, 정상적인 혈액의 형성을 위해 필요하au 모든 세포내에서 작용을 하지만 특히 위장관벽, 신경계, 골수 등의 세포에 작용한다. 또한 골수 내에서는 비타민 B_{12} 보조효소는 DNA합성에 관여한다.

* 세포 분열에 요구되는 영양소로 악성빈혈과 상관관계가 높다고 보고되고 있다. 비타민 B_{12} 결핍 증상은 거대적아세포 생성으로 인한 빈혈 현상이다.

* 거대적아세포증은 골수에서 DNA가 합성되지 않을 때 적혈구가 분열되지 않고 적혈구의 크기가 비정상적으로 커져 생성된 적혈구가 헤모글로빈의 양이 적은 미숙한 거대 세포로 만들어져 빈혈을 일으킨다.
  비타민 B_{12}는 간, 생선, 굴, 우유, 치즈 등에 많이 들어 있고 동물성 식품에 주로 들어 있어 채식만 하는 사람에게는 결핍되기 쉽다.

⑥ 푸른채소에 풍부한 엽산(folic acid)!

* 엽산의 기능으로는 단백질 대사에 관여하고 체내에서 아미노산의 합성에 영향을 주고, 핵산 DNA 합성에 필요하며 비타민B_{12}와 더불어 골수 내에서 적혈구의 형성을 조절한다.

* 엽산과 비타민 B_{12}는 모두 세포 분열에 요구되는 영양소이다, 엽산은 결핍이 가장 자주 발생하면서도 과잉 섭취에 의한 부작용도 많이 발생한다. 엽산의 과잉 섭취로 인한 소화 기관의 불쾌감, 신경 자극, 불면증과 같은 부작용이 흔히 보고되고 있다. 엽산은 간, 푸른색 채소, 대두, 새우에 많이 함유되어 있다.

⑦ 판토텐산(pantothenic acid)은 무엇인가?

* 판토텐산은 코엔자임 A(coenzyme A)의 구성 성분으로 탄수화물, 지질, 단백질로부터 에너지를 방출하는 과정에서 작용한다. 위의 3대 영양소는 대사과정 중에 TCA-cycle을 거쳐야만 하는데 그 과정 중 초기단계에서 필요하다.

* 급원 식품으로는 간, 효모, 난황 등과 특히 육류는 좋은 급원이고 과일, 채소, 우유에도 다소 함유되어 있다.

⑧ 비오틴(biotin)의 역할은?

* 비오틴은 체내에서 여러 가지 효소의 보조 효소로 작용하며 지방간의 합성과 산화작용, 탄수화물의 대사작용, 특히 TCA-cycle에서 CO_2를 이탈시키는데 작용하는 것으로 알려져 있다.

* 비오틴은 모든 식품에 널리 존재하며 특히 간, 콩팥, 난황, 두류, 견과류가 좋은 급원이다.

⑨ 비타민 C(ascorbic acid)! 어디에 좋고 급원식품은 무엇인가?

뼈나 치육, 혈관 조직의 세포간을 접착하는 단백질인 콜라겐(collagen)의 합성에는 비타민 C가 반드시 필요하다. 비타민 C가 부족되면 콜라겐이 잘 형성되지 못해 조직의 점착성이 떨어져 잇몸에서 피가 나고 쉽게 멍이 든다.

비타민 C는 스트레스나 세균에 대한 저항력을 강하게 하며 주근깨, 기미 등의 원인이 되는 멜라닌 색소의 침착을 방지한다. 또한 철의 흡수를 돕고, 특히 어린이에게 정상적인 발육, 감염에 대한 저항력을 길러 준다.

대부분의 수용성 비타민은 과잉으로 섭취한다 하더라도 소변으로 배설되므로 과잉증을 거의 찾아볼 수 없다. 그러나 경우에 따라 비타민 C를 2,000mg 이상 복용할 경우 설사, 두통, 피로 등을 일으킬 수 있으며 신장 결석과 통풍의 원인이 되기도 한다. 비타민 C는 신선한 채소나 과일 등에 풍부히 들어 있으나 산화되기 쉬운 성질이 있으므로 저장, 조리 등에 주의를 기울여야 한다. 대두나 녹두는 비타민 C가 거의 없으나 발아시 비타민 C가 합성되므로 콩나물이나 숙주나물도 훌륭한 비타민 C의 급원 식품이다.

표 2-6은 수용성 비타민의 기능, 결핍증 및 급원 식품을 요약한 것이다.

(표 2-6) 수용성 비타민의 기능, 결핍증 및 급원 식품

비타민	기 능	결핍증	급원식품
티아민	탄수화물 대사에서 조효소	각기병, 부종, 근육쇠약, 심장 박동의 불규칙	해바라기씨, 전곡, 말린 콩, 내장고기, 견과류
리보플라빈	에너지 대상에서 조효소	입, 혀의 염증, 구각염, 눈의 이상	우유, 버섯, 시금치, 브로콜리, 간, 육류, 생선
나이아신	에너지 대사, 지방 합성, 지방분해에서 조효소	펠라그라(pellagra), 설사, 피부염, 치매	버섯, 땅콩, 밀기울, 참치, 연어, 닭고기, 쇠고기, 간
판토텐산	에너지 대사, 지방 합성, 지방분해에서 조효소	손감각 이상, 피로, 두통, 구역질	버섯, 브로콜리, 전곡, 콩류, 간, 계란
비오틴	포도당 합성, 지방 합성에서 조효소	피부염, 혀통증, 부종, 우울증	치즈, 계란노른자, 간, 컬리플라워, 효모
비타민 B_6	단백질 대사, 신경 전달물질합성, 헤모글로빈 합성에서 조효소	두통, 부종, 경련, 구역질, 구토, 피부박리, 혀통증	닭고기, 연어, 돼지고기, 계란, 시금치, 브로콜리, 바나나, 해바라기씨, 땅콩, 호두
엽 산	DNA 합성에서 조효소, 조혈작용	거대아구적 빈혈, 설염, 설사, 성장 지연, 정신이상	푸른잎채소, 견과류, 오렌지 주스, 간, 내장 고기, 계란, 바나나, 해바라기씨, 효모
비타민 B_{12}	엽산 대사, 신경기능 대사에서 조효소	악성 빈혈, 신경기능 장애	동물성 식품-내장고기, 굴, 조개
비타민 C	콜라겐 합성, 호르몬 합성, 신경전달물질 합성	괴혈병(scurvy), 상처 치료 지연, 부종	시금치, 브로콜리, 토마토, 감자, 딸기, 오렌지

5 무기질(Mineral)과 미용과의 관계는 ?

인체를 구성하는 원소는 30여 종에 이르며, 산소(65%), 탄소(18%), 수소(10%), 질소(3%)로 구성된 유기 화합물이 95% 이상을 차지하고 있다. 무기질은 차지하는 비율이 4% 정도에 불과하지만 인체가 정상적인 기능을 하는데 필수적인 물질이다. 인체가 음식물을 완전히 연소시켜 물과 이산화탄소, 요소 등이 남는 물질을 유기물, 연소되지 않고 남는 회분을 무기질이라 한다.

(1) 무기질의 기능을 알아보자.

① 체조직의 구성 요소이다.

단백질과 함께 무기질은 체조직의 구성 성분으로 필수 불가결한 영양소이다, 칼슘과 인은 골격과 치아 조직을 형성하고, 혈액에는 철, 칼슘, 나트륨, 인 등이 함유되어 있으며, 황은 손톱, 발톱, 피부에 함유되어 있다. 또한 효소와 호르몬의 구성분이며, 염소는 위산, 나트륨은 장액, 요오드는 갑상선 호르몬에서 중요한 기능을 한다.

무기질은 체조직의 구성 성분이므로 새로운 조직이 생성되는 시기, 특히 성장기 어린이, 임신기, 수유기에는 다량의 무기질이 필요하다. 무기질은 어느 정도 체내에 저장되나 저장량에는 한계가 있고, 급원 식품이 각각 다르고 제한되어 있어 부족증을 나타내기 쉽다. 그러므로 매끼 식사에서 적절히 공급받아야 한다.

② 우리 몸의 삼투압을 조절한다.

체액은 세포막에 의해 세포 내액과 세포 외액으로 나누어지며 세포 내액에는 주로 칼륨이, 세포 외액에는 나트륨이 주로 용해되어 있다. 나트륨과 칼륨은 서로 적절한 농도를 유지하면서 삼투압을 일정하게 유지하는데 만약 삼투압의 균형이 맞지 않으면 수분은 세포막을 통하여 삼투압이 낮은 쪽으로 들어가게 된다. 그 결과 수분이 들어온 쪽의 체액이 증가하므로 세포가 오그라들었다 부풀었다 하게 되어 정상적인 기능을 수행할 수가 없게 된다. 체액의 삼투압은 수분의 섭취량, 나트륨의 섭취량, 발한량 등에 의해 영향을 받으나 신장에서 수분이나 나트륨의 배출량을 조절함으로써 삼투압을 유지할 수 있도록 한다.

③ 체액의 중성 유지를 위해 필요하다.

건강한 사람의 혈액이나 체액은 항상 pH 7.3~7.4의 약알칼리성을 유지한다. 그러나 음식물로 섭취된 곡류와 육류는 연소된 후 산성을 띠는 무기질을 남기며, 또한 과다한 운동이나 대사의 불균형 등으로 체내에 젖산이 과다하게 생성되면 체액이 산성을 띠게 되는데 인체는 산, 알칼리를 조절하는 완충계가 있어 이는 자연스럽게 조절되게 된다. 그러나 대사 이상과 같은 비정상적인 신체 기능 하에서는 완충계의 작용만으로 조절이 되지 못하므로 건강을 해치게 된다. 건강한 사람은 균형된 식사를 할 경우 단백질과 무기질에 의한 완충계의 작용에 의해 체액이 중성으로 유지되므로 산성 식품과 알칼리성 식품에 대해 지나치게 우려할 필요는 없다.

식품에 들어 있는 성분 중에서 탄수화물, 지방, 단백질과 같은 열량 영양소들은 체내에서 연소되어 열량을 내고 탄산가스와 물 또는 요소가 되어 몸밖으로 배설된다. 식품이 연소된 뒤에 남는 재 속에는 연소되지 않는 무기질이 남아 산성 물질과 알칼리성 물질을 만들어 내는데, 이때 산성 물질을 많이 만들어 내는 식품을 산성 식품, 알칼리성 물질을 많이 만들어 내는 식품을 알칼리성 식품이라 한다.

일반적으로 채소, 과일, 우유 등은 Na^+, K^+, Ca^+, Mg^+ 등의 양성 이온 함량이 높아 알칼리성 식품이며, 곡류, 난류, 육류, 어류, 호도 등은 PO_3^-, Cl^- 등의 음이온의 함량이 많아 산성 물질을 많이 만들어 내므로 산성 식품이라 한다. 귤, 레몬과 같은 과일류가 신맛을 내므로 산성 식품이라 생각하기 쉬우나 체액에 있어서는 알칼리성 물질을 만들어 내므로 알칼리성 식품이다. 또한 감자는 곡류에 속하지만 대표적인 알칼리성 식품이다.

〈표 2-7〉 산성, 알칼리성 식품 및 중성식품들

산 성 식 품	알칼리성 식품	중 성 식 품
빵· 크래커 케이크· 쿠키 스파게티, 국수류 치즈 계란 생선 육류, 땅콩, 호두 닭고기 자두, 말린자두 크랜베리 옥수수	과일(자두, 말린자두, 크랜베리 제외) 야채 잼, 젤리 꿀 견과류	버터, 마가린 조리용 기름 전분 설탕, 시럽

(2) 무기질의 종류에는 어떤 것들이 있나요?

우리 몸의 약 4%에 불과한 무기질은 인체를 구성하고 조절하는데 매우 중요한 영양소로 칼슘, 인, 칼륨, 황, 나트륨, 염소 및 마그네슘 등은 비교적 많이 함유되어 있으나 철분, 망간, 요오드, 아연 등은 극히 미량으로 들어 있다.

① 칼슘(Ca, calcium)

체중의 1.5~2.2%를 차지하는 칼슘은 99%가 뼈와 치아를 구성하고 1% 가량이 근육의 수축과 이완, 세포막의 투과성 조절 및 혈액 응고에 관여한다.

칼슘의 흡수율은 유아의 경우 80% 정도이나 성인의 경우 10~30%에 불과하여 결핍증이 나타나기 쉽다. 칼슘은 비타민 D, 유당, 체내 필요성, 적절한 소화 기관의 산도에 의해 흡수가 촉진되나, 커피, 소금, 알코올, 과량의 섬유소, 운동부족, 수산(시금치에 함유, oxalic acid), 피트산(곡류의 속껍질, phytic acid)은 칼슘의 흡수를 저해한다. 또한 식사 중의 칼슘과 인의 비율은 1:1일 때 흡수율이 가장 높다.

칼슘은 우유나 유제품, 뼈째먹는 생선, 짙푸른 채소(시금치나 브로콜리)에 많이 들어 있다. 성장기 어린이에게 칼슘이 결핍되면 성장 정지, 뼈와 치아의 질 저하, O형 혹은 X형의 다리 기형, 골연화증 등이 나타나며, 특히 성인의 경우 골다공증이 발생한다.

우리 나라 여성의 25% 정도는 권장량에 훨씬 못미치는 300mg 정도의 칼슘을 섭취하고 있다고 보고되었다. 만약 칼슘의 섭취가 부족하면 뼈 속의 칼슘이 빠져 나오게 되며 장시간 지속될 경우 뼈의 밀도가 낮아지고, 쉽게 부러지는 골다공증 상태가 된다. 골다공증은 호르몬과 칼슘과 비타민 D의 섭취량, 뼈의 밀도 등과 관계가 깊은데, 남녀 모두 35세 이후가 되면 뼈 속에서 칼슘이 서서히 빠져나가게 된다. 특히 여성의 경우 남성보다 빠른 속도로 칼슘이 빠져나가 폐경기 직후 1~3% 정도의 뼈 손실이 일어나고, 이후 10년 동안 약 15% 정도, 70세가 되면 무려 30%의 뼈 손실을 입는다.

뼈의 손실은 운동량이 적은 사람, 폐경기가 일찍 온 사람, 흡연, 알코올 중독, 장기적인 다이어트, 가족 경력 등이 있는 사람에게 빠르게 일어난다. 폐경기가 되어 골다공증의 증후가 나타나면 호르몬 요법을 사용하기도 하지만, 장기 투여시 자궁암, 유방암의 발병률이 높아진다는 보고가 있다. 그러므로 골다공증을 예방하려면 35세 이전에 칼슘의 흡수율이 높은 상태로 충분히 섭취하고 운동을 하여 뼈의 밀도를 높여 놓을 필요가 있다.

② 인(P, phosphorous)

인의 80%는 칼슘과 함께 골격과 치아 조직을 구성하고 나머지는 인산염의 형태로 체액의 완충계에 작용한다. 인은 ATP(adenosine triphosphate) 및 보조효소를 형성하여 당질, 지질, 단백질 대사에 관여한다.

인은 자연계의 식품에 골고루 들어 있어 정상적인 식이를 할 경우 결핍되지 않으나 최근에는 식품의 가공시 인산염의 사용이 증가되어 칼슘 흡수에 적정한 칼슘과 인의 섭취 비율(Ca:P=1:1)이 낮아지므로 칼슘 흡수를 저하시키는 요인이 되고 있다.

③ 마그네슘(Mg, magnesium)

체내에 분포되어 있는 마그네슘의 1/3은 인산과 염을 형성하여 골격 조직의 견고성을 유지하며 나머지는 근육과 체액에 존재한다. 단백질, 지질, 당질의 대사와 합성과정에 관여하는 필수 영양소이며 식물체 엽록소의 주성분으로 식물성 식품에 널리 분포한다.

④ 나트륨(Na, sodium), 칼륨(K, potassium), 염소 (Cl, chlorine)

나트륨, 칼륨, 염소는 체내에 축적되지 않고 신속히 대사 과정에 관여하므로 교환 물질이라 하고 체내에 이온으로 녹아 있기 때문에 전해질(electrolytes)이라고도 한다. 나트륨과 염소는 체내에서 이온의 형태로 세포 외액에 존재하는데, 나트륨은 수분을 보유하는 성질 때문에 과량 섭취시 부종과 혈압 상승의 원인이 된다. 나트륨과 염소는 삼투압의 유지, 체액의 산, 알칼리 유지에 관여하는데, 염소는 염산을 만들어 위액을 강한 산성으로 유지시키며, 나트륨은 담즙과 췌장, 장액의 알칼리 유지에 기여한다.

반면 칼륨은 주로 세포 내액에 존재하고 삼투압의 조절, 신경과 근육의 흥분과 수축에 관여하며 만약 칼륨이 부족하면 근육의 무기력 현상이 나타나게 된다. 칼륨은 동·식물성 식품 모두에 풍부히 들어 있으나 감자, 각종 해조류, 사과, 바나나 등에 특히 많이 들어 있다.

⑤ 철(Fe, iron)

철분의 약 70%는 적혈구 속에 존재하는데, 혈색소인 헤모글로빈을 구성하여 산소를 운반하고 생성된 탄산가스를 체외로 배설하는 기능을 한다. 일부는 근육 색소인 미오글로빈에 함유되어 있고 약 20%는 간, 비장 및 골수에 저장 철분의 형태로 존재한다. 신생아의 경우 저장 철분을 많이 비축하고 태어나지만 생후 5~6개월이 되면 거의 소모하게 되므로 모유를 먹는 영아의 경우 이 시기가 되면 이유식으로 철분과 비타민 C, 단백질을 공급해 주어 영아 빈혈을 막도록 해야 한다. 철분은 신체의 크기, 인체의 생리 및 영양 상태에 따라 필요량이 달라지나 우유도 모유와 같이 철 함량이 낮은 식품이므로 인공 영양아에게도 철분을 보충해 주어야 한다. 간, 육류, 패류, 난류, 푸른색 채소 및 해조류 등은 철분의 좋은 급원이다. 또한 동물성 식품이 함유한 철은 흡수율이 높은 반면 식물성 식품에 함유되어 있는 철은 흡수율이 낮으며 단백질과 비타민 C, 구리 등은 철분의 흡수를 촉진시킨다.

⑥ 구리(Cu, copper), 요오드(I, iodine) 및 불소(F, florine)

구리는 철분과 단백질이 결합하여 혈색소를 형성할 때 촉매 역할을 하며 정상적인 식사로 충분히 섭취될 수 있다.

체내 요오드의 60%는 갑상선 호르몬에 함유되어 있으며, 이 호르몬은 열량 대사를 조절하는 기능을 가진다. 또한 불소는 골격과 치아에 미량으로 함유되어 있으면서 조직의 견고성을 유지시킨다. 각종 무기질의 기능, 결핍증 및 급원 식품은 표 2-8과 같다.

(표 2-8) 각종 무기질의 기능, 결핍증 및 급원 식품

무기질	기 능	결 핍 증	급 원 식 품
칼슘(Ca)	뼈· 치아 구성, 혈액 응고, 신경 자극 전달, 근육 수축· 이완, 세포 조절	골다공증, 테타니(tetany)	우유, 유제품 녹색야채, 브로콜리 닭고기, 견과류 두부, 강화시킨 오렌지 주스 뼈째먹는 생선
인(P)	뼈· 치아 구성, 연조직 구성, 대사물의 구성 성분	뼈의 약화	우유, 유제품 육류, 생선, 참치, 음료수
칼륨(K)	세포내액의 주요 이온, 신경 자극 전달	심장 박동의 불규칙, 식욕 감퇴, 근육 경련	시금치, 오징어, 쇠고기, 바나나, 오렌지 주스, 토마토, 우유, 브로콜리, 아스파라거스
황(S)	비타민과 아미노산의 구성, mucopolysaccharides의 구성, 약물 해독 작용, 산· 염기 평형	발견되지 않고 있음	단백질 식품 : 육류, 밀의 배아, 콩, 계란
나트륨(Na)	세포외액의 주요 이온, 신경 자극 전달	근육 경련	소금, 육류, 생선 우유, 유제품, 계란, 토마토
염소(Cl)	세포외액의 주요 이온	유아 경련	소금, 채소류
마그네슘(Mg)	뼈 구성, 효소 기능, DNA· RNA 합성에 필요, 심장 기능, 신경 자극 전달	근육 약화, 근육 통증, 심장 기능 장애 테타니	밀기울, 생선, 견과류, 시금치, 새우, 바나나, 초콜릿, 토마토
철(Fe)	헤모글로빈의 구성 성분, 면역기능에 이용	저철분혈증, 빈혈, 창백	육류, 시금치, 해산물,브로콜리, 밀기울, 두류

무기질	기 능	결 핍 증	급 원 식 품
아연(Zn)	DNA와 단백질 대사, 성 기관과 뼈 발달, 출산에 관련된 효소에 필요, 면역 기능, 알코올 대사	피부 발진, 머리 숱 적어짐, 설사 식욕 감퇴, 맛 감각 감퇴, 성장 발달 지연, 면역 기능 손상, 상처 치료 지연	굴, 조개, 해산물, 육류, 계란, 두류, 전곡, 견과류
셀레늄(Se)	항산화제 : glutathione peroxides 효소의 구성 성분	근육 통증, 근육 약화, 심장병	육류, 계란, 생선, 해산물, 전곡
요오드(I)	갑상선 호르몬의 구성 성분	갑상선종, 크레틴병	유제품, 해조류
구리(Cu)	단백질 대사와 호르몬 합성에서 효소 기능, 헤모글로빈 합성	빈혈, 백혈구 수의 감소, 성장 지연	간, 견과류, 전곡, 조개, 말린 과일, 두류, 내장 고기, 코코아
불소(F)	충치 방지	충치 위험 증가	불소첨가음료, 치약, 해조류, 차
크롬(Cr)	혈당 조절	식후 고혈당	계란노른자, 전곡, 돼지고기, 효모
망간(Mn)	탄수화물 대사, 뼈 형성	발견되지 않음	견과류, 쌀, 두류, 귀리, 채소
몰리브덴(Mo)	요산 대사	발견되지 않음	두류, 곡류, 견과류
코발트(Co)	비타민 B_{12}의 구성 성분	악성 빈혈	동물성 식품

6 우리 몸에 꼭 필요한 수분 !

물과 공기는 영양소의 범위에는 포함되지 않으나 생명 현상을 유지하는 데 필수적인 물질이다. 몸이 물을 필요로 할 때면 자연적으로 갈증이 생겨 물을 마시게 되는데 이로써 인체는 필요한 양만큼의 수분을 공급받게 된다.

사람은 물을 마실 수 없는 기아 상태에서는 수일 밖에 살 수 없지만, 물을 마실 수 있다면 1개월 이상도 살 수 있다고 한다. 물은 몸 안에서 다음과 같은 기능을 함으로써 생명 현상 유지에 중요한 역할을 하고 있다.

(1) 우리 몸에서 수분이 하는 일은 무엇인가 ?

① 체조직의 구성성분이다.

체수분의 많은 양은 세포내액으로 체조직을 이룬다. 조직의 종류에 따라 수분의 함량은 차이가 커서 가장 적은 치아에는 10%, 지방조직은 20%, 골격조직은 26%, 근육에 70% 정도가 함유되어 있다. 이러한 수분은 각 조직을 이루는 세포를 만들고 미세구조를 형성하여 대사작용을 가능하게 한다. 또 영양소로서 글리코겐이 저장될 때도 수분을 포함한다.

② 영양소와 노폐물을 운반한다.

혈액은 소화 흡수된 영양소 중 단당류, 아미노산, 글리세롤, 무기질, 수용성 비타민 등은 소장의 모세혈관을 통하여 문맥을 거쳐 간으로 운반하고 장쇄지방산과 지용성 비타민은 림프관을 통해 정맥으로 들어가 필요한 조직으로 운반된다. 수분은 혈액과 림프액과 같은 체액의 중요한 구성 물질이 되며, 이들 체액을 통해 공급된 여러 가지 영양소는 각 세포 및 조직에 운반된다. 동시에 신진대사 과정에서 생성된 노폐물인 탄산가스, 암모니아, 요소, 요산 및 전해질 등을 운반하여 폐, 피부, 신장을 통해 체외로 배출한다.

③ 용매로 작용한다.

수분은 여러 물질을 용해하는 능력을 지니고 있어 체내 각 조직에 영양소를 용해시키고 있다. 체내에서 일어나는 화학작용은 수분을 필요로 하는 것이 많으며, 수분은 활성이 없고 대부분의 물질은 수분에 용해되었을 때 변하지 않은 채 그대로 존재한다.

④ 윤활제(Lubricant)의 역할을 한다.

체수분으로써 세포횡단수분(transcellular fluid)은 윤활액의 역할을 하는데 타액은 음식물을 혼합하여 주고 음식이 기도를 잘 통과하게 한다. 또 인체는 많은 수분을 함유하고 있어 내장기관을 외부의 충격으로부터 보호하는 역할을 하며, 안구의 수분은 안구운동을 용이하게 하고 신체 관절에는 윤활역할을 하는 관절활액(synovial fluid)이 있어 뼈가 움직일 때 마찰을 방지하여 준다.

⑤ 가수분해(Hydrolysis)를 돕는다.

수분은 음식의 소화를 돕는다. 건강한 성인은 1일 평균 타액으로 1,200~1,500㎖(pH 5.5~7.6), 위액 1,200~2,500㎖(pH 1.5~2.0), 담즙 500~1,100㎖(pH 6.9~8.6), 체액 700~1,000㎖(pH 7.0~8.6), 장액은 700~3,000㎖(pH 7.0~8.0)가 분비되며, 체내에서 매일 분비되는 많은 양의 소화액은 식품이 효소에 의해 가수분해 되도록 돕는다. 이 체내 화학반응은 수분없이는 정상적으로 이루어지지 않는다.

⑥ 전해질 균형(Electrolyte balance)을 유지해 준다.

수분과 전해질은 적당량 섭취하여 체액의 pH와 삼투압을 유지하여야 한다. 따라서 건강한 사람은 섭취량과 배설량은 과부족이 없이 균형을 이루므로 체액의 부피 및 성분에 변화 없이 항상성을 유지한다. 수분의 섭취와 배설에 의하여 체내의 수분량이 조절되어 평형이 유지되기 위해서는 배설을 조절하는 신장이 주요 역할을 하며, 갈증에 의하여 수분의 섭취가 조절되기도 한다. 수분섭취는 시상하부에 있다고 생각되는 수분섭취 중추에 의해 조절된다.

⑦ 체온을 조절한다.

체온을 일정하게 유지하기 위해서는 수분이 중요한 작용을 한다. 심한 운동이나 노동으로 열이 발생하면 체온이 높아지게 되는데 이때는 급격한 체온상승을 막아 일정온도로 유지하려는 작용이 일어난다. 이때 피부를 통하여 복사와 전도로 방산되는 열보다는 땀을 흘림으로써 수분의 기화열을 이용하여 체온을 발산하기 때문에 대사로 이루어진 열의 방산이 효율적으로 이루어진다. 또 순환계를 통하여 수분은 열을 신체에 적당히 옮겨주므로 우리 몸은 효소작용에 가장 적당한 36.5℃를 유지한다.

피부와 폐를 통하여 잃게 되는 수분량은 하루 1,000㎖ 정도로서 약 600㎉의 체열이 방산하는데 쓰인다. 수분의 손실 중 땀과 같이 느낄 수 있는 수분의 손실과 느끼지 못하는 수분의 증발이 있는데 300~700㎖는 느끼지 못하는 가운데 잃는 불감증발수분이다. 피부를 통한 수분의 증발은 체표면적과 정비례하고 피하지방이 발달한 사람은 이와 같은 열발산이 적다.

(2) 우리 몸 속에는 어느 곳에 어느 정도의 수분이 존재할까요?

체수분은 크게 세포내액과 세포외액으로 구분하여 세포내액(intercellular flu-id : ICF)이 체중의 40~45%를 이루며, 세포외액(extracellular fluid : ECF)은 약 20% 정도로서 그 중 혈액은 체중의 5%, 세포간액·림프액·골수액 및 각종 분비액의 약 15%를 차지한다.

세포외액을 구분하면 혈장(plasma)에 영양소와 단백질이 녹아 있어 모세혈관벽을 통과한다. 간질액(interstitial fluid)과 림프액(lymph)은 세포의 조직층과 혈관 사이에 존재하는 체액으로 세포내외의 물질교환이 일어나는 장소이다. 조밀한 결체조직이나 연골에도 액체가 있으며 골격 사이에도 체액이 존재한다. 그밖에 transcellular fluid, 즉 타액, 소화액, 각종 점액, 뇌척수액, 안구액 등에도 많은 수분이 있어 체액을 이룬다.

체액의 이동에 영향을 미치는 물질로는 전해질로서 양이온(cations : Na, K, Ca, Mg)과 음이온(anions : Cl, carbonate, P, S)이 있으며, 혈장 단백질(분자량이 큰 것), 포도당, 요소(분자량이 작은 것) 등이 체액에 녹아 일정 농도로 유지되면서 체액의 이동에 관여한다.

(3) 우리 몸은 수분 균형이 중요하다.

신체는 체외로부터 수분을 섭취하고 배설함으로써 체내 수분은 동적 평형상태를 유지한다. 체액량이 일정하게 유지되는 기전은 주로 수분의 배설량을 수분의 섭취량에 맞추어 조절되기 때문이다. 수분 섭취량이 적을 때는 뇌하수체 후엽에서 분비되는 항이뇨호르몬(ADH ; antidiuretic hormone)의 영향으로 신세뇨관에서 수분 재흡수가 증가한다. 이에 따라 소변량이 감소되고 총 체액량은 증가되므로써 체액의 균형이 유지된다. 수분섭취량은 연령, 염분의 섭취량, 운동량, 기후 등에 따라 차이가 있는데, 신생아와 어린이의 단위체중당 수분섭취량은 성인에 비하여 많으며, 열대지방이나 여름철에 격심한 운동을 할 경우 수분섭취량이 증가된다. 사람이 하루동안 섭취하는 수분량은 1,900~2,800㎖ 정도이며, 그 중 많은 부분이 음료수를 통한 섭취(1,100~1,400 , 평균 1,100㎖)이고, 또한 음식물에 포함된 수분(500~1,000㎖)으로도 섭취된다. 그 외 신진대사에 의해 체내에서 생성되는 산화수도 소량(300~400㎖) 있어서 1일 성인이 체내에서 이용할 수 있는 물의 양은 약 2,000~2,500㎖ 정도이다.

① 수분의 섭취는 어떻게 이루어지나?

* 음료수로부터의 수분 섭취

이 급원은 음료나 국 종류에 함유된 물과 정상적인 음료수의 섭취를 모두 포함한다. 성인의 경우 1일 수분섭취량은 900~1,500㎖이며 이것은 4~8컵의 음료수에 해당된다.

* 식품으로부터의 수분 섭취

과일과 채소는 많은 수분을 함유하고 있으며 육류·곡류 등의 고형식에도 상당량의 수분이 포함되어 있다.

각종 식품의 수분함량은 표 2-9와 같이 식품 종류에 따라 차이가 있다.

(표 2-9) 각종 식품의 수분함량

식 품	수 분	식 품	수 분	식 품	수 분
오 이	95.5	딸 기	89.1	꽁 치	66.9
호 박	95.0	귤	87.0	쇠고기(살)	62.5
양배추	94.3	사과(홍옥)	86.8	갈비(소)	47.2
상 치	94.1	연시(감)	85.9	우 유	88.5
숙 주	94.1	배	85.8	아이스크림	65.3
시금치	93.7	감(단감)	82.6	치 즈	35.3
가 지	93.3	포 도	81.5	분 유	2.0
피 만	91.9	바나나	75.5	감 자	81.2
토마토	90.5	조 기	81.7	흰 밥	65.0
무(조선무)	90.3	동 태	81.0	고구마	64.6
콩나물	90.2	도 미	77.8	식 빵	26.1
양 파	89.1	갈 치	74.0	밀가루(강력분)	14.5
당 근	88.7	달 걀	74.0	백 미	14.1
수 박	94.0	닭고기	73.5	당 면	13.2
참 외	89.8	민 어	70.0	라 면	2.6
복숭아(백도)	89.4	돼지고기(살)	69.3		

＊ 대사로 생성되는 산화수

에너지를 생성하는 화학반응시에 생겨나는 수분으로 열량소인 탄수화물, 단백질, 지방이 체내에서 산화되면 탄산가스와 열량을 낼뿐만 아니라 상당량의 수분을 생성한다.

식품은 약 100 ㎉의 열을 발생할 때 12~13g의 물을 생성하는데 당질은 15g, 지방은 11.1g, 단백질은 10.5g의 수분을 각각 생성한다. 즉 단백질 1g은 0.41g, 당질 1g은 0.60g, 지질 1g은 1.07g의 대사수를 각각 생성한다. 따라서 하루동안 섭취하는 식품에서 약 300~400g의 대사수를 생성하는 것으로 추정된다.

② 수분의 배설은 어떻게 이루어지나 ?

체내 수분의 균형 유지를 위해서는 1일 섭취한 수분량과 거의 같은 양이 배설되어야 한다.

수분의 공급과정에 여러 경로가 있는 것과 같이 신체의 수분 배설도 다양한 방법으로 이루어지는데 대부분 소변을 통해 나가며 피부를 통한 증발, 호흡 및 대변 등을 통해서도 배설된다. 또한 대장에서는 음식의 찌꺼기와 적당한 수분으로 변통을 원활하게 만든다.

＊ 소변에 의한 수분 배설

체액의 균형은 수분섭취량에 맞추어 소변의 양을 조절함으로써 이루어진다. 즉, 수분섭취량이 많으면 소변량도 증가하고 섭취량이 적으면 소변의 양도 감소되어 600㎖까지 감소될 수 있다. 정상적인 조건에서 소변은 끊임없이 신장에서 만들어져 1분당 약 1㎖의 비율로 방광으로 운반되어 저장된다.

성인은 매일 900~1,500㎖의 수분을 소변으로 배설하며, 소변의 약 96%가 수분으로 구성되어 있다. 노폐물이 체내에 보류되지 않기 위하여 최소 300~500㎖의 수분을 소변으로 배설시키지 않으면 안 된다. 그러나 이 양은 온도, 습도, 액체 섭취량, 식이, 신체 활동 정도 등의 조건에 따라 달라진다.

*** 피부 증발에 의한 수분 배설**

수분이 피부를 통하여 배설되는 데는 두 가지 형태가 있는데 발한(發汗)과 사람이 의식하지 못하는 가운데 피부 표면에서 발산되는 불감증발(insensible perspiration)이다.

땀샘은 피하에 위치한 미세한 구조로서 주로 손, 발, 이마, 겨드랑이 등에 존재한다. 정상적인 환경조건에서는 매일 약 500~600㎖의 땀이 분비된다. 땀에는 Na^+, K^+, Cl^- 등의 전해질과 요소가 포함되어 있다. 운동 중 땀이 나는 것은 근육 내에 생긴 열을 분산시키기 위함으로 땀의 생산과 계속되는 발한 과정은 몸을 차게 식히며 체온이 급상승되는 것을 방어하는 냉각기능을 한다. 또한 피부의 각질층은 수분 확산에 대한 절연작용을 하므로, 외상이나 화상 등으로 각질층에 손상이 있으면 수분증발량이 많아져 이로 인한 수분의 손실량이 몇 ℓ에 이를 수도 있다.

그러나 주위의 상대습도, 즉 공기 중의 수분 함유량이 높은 경우 피부로부터 수분이 증발될 수 없으며, 신체 냉각의 중요한 통로가 닫히게 되므로 심한 더위를 느끼게 된다. 건조한 날에는 공기가 많은 양의 습기를 받아들일 수 있으므로 피부로부터 수분 증발이 빨라지고 체온이 쉽게 조절된다.

*** 폐를 통한 호흡 증발에 의한 수분 배설**

호흡을 통해 매일 약 400~500㎖의 수분이 수증기로 증발되는데, 이것은 불감손실(insensible loss)이라 한다. 폐를 통한 수분 손실을 외부 공기가 건조할 수록 커진다. 폐에서 나오는 공기는 37℃에서 47㎜Hg의 수증기로 포화되어 나가므로 폐로 유입된 공기가 수증기를 많이 포함 할수록 신체의 수분 손실은 적어진다. 그러나 일상 숨쉬는 외부 공기의 수증기압은 47㎜Hg보다 낮으므로 호흡으로 수분을 잃게 된다.

*** 대변을 통한 수분 배설**

대변의 약 70%가 수분이며 나머지는 소화가 안된 물질과 소화과정에서 생긴 박테리아, 위, 장, 췌장에서 분비되는 소화액의 잔여물 등이다. 대변을 통하여 매일 배설되는 수분량은 100~200㎖에 불과하나 설사나 구토 등의 이상 증세가 있을 때는 수분 손실이 1,500~5,000㎖에 이를 수도 있다.

(4) 우리 몸에 필요한 수분의 양은 어느 정도일까?

체중에 비례하는 수분의 필요량은 연령에 따라 큰 차이가 있다. 즉 어릴수록 단위 체중당 수분의 필요량이 많은데 이것은 어린이는 성인보다 대사율이 높으며, 수분증발이 일어나는 단위표면적이 넓고, 또한 조직을 구성하기 위한 여분의 수분이 필요하므로 성장기에는 성인보다 단위체중당 수분량을 많이 요구하기 때문이다.

대부분의 경우 갈증은 수분의 요구에 대한 안전지표라고 할 수 있으며 이러한 신체의 요구가 있을 때 우리는 수분을 섭취하므로써 건강을 유지할 수 있다.

건강상태가 비정상적일 때, 즉 혼수, 고열, 다뇨증(多尿症), 설사 등의 경우와 고단백질 식사 및 기온이 높을 때는 수분의 요구량이 증가된다.

표 2-10은 체중에 대한 수분의 필요량이다.

(표 2-10) 체중과 수분 필요량

(단위 : mℓ/kg)

연 령 별	필 요 량	연 령 별		필 요 량
신 생 아	110	성인	기온 22℃	22
10세 어린이	40		기온 38℃	38

(5) 수분의 필요량은 언제나 같을까요?

수분의 필요량은 연령, 섭취식품의 종류, 신체활동량 등에 따라 영향을 받게 된다.

첫째, 연령에 따라 다르다. 성장기의 아동은 성인보다 단위 체중당 체표면적이 넓어 대사율이 높고 활동량이 많다. 따라서 땀으로 손실되는 수분량이 많으며 성장을 위하여 조직이 계속 생성되기 때문에 성인에 비해 단위 체중당 수분 요구량이 높아진다.

둘째, 섭취하는 식품의 종류에 따라 다르다. 지방은 산화시 수분 생성량이 많으므로 지방이 많은 식품을 먹을 경우 수분 필요량이 감소된다. 반면에 고단백질 식사를 하는 경우 단백질의 질소성분이 요소로 배설되는데, 요소가 체내에 과량으로 쌓이면 독성을 나타내므로 이를 제거하기 위하여 다량의 수분이 필요하게 된다. 또한 염분이 많은 식품을 섭취하면 과잉의 염분을 제거하기 위해 수분 필요량이 증가된다. 즉 고지방 식사는 수분 필요량을 감소시키고, 고단백 및 염분을 많이 섭취할 경우 수분 필요량이 증가된다. 당질식품을 섭취하면 위에서 당분 희석을 위해 수분 필요량이 증가되며, xanthine 유도체를 함유하고 있는 커피, 차, 코코아 등은 이뇨작용이 있어 신장에서 수분의 배설을 증가시킨다.

셋째, 신체 활동량에 따라 영향을 받는다. 휴식이나 수면 중에는 수분의 손실이 적으며 가벼운 운동을 하면 약간의 수분손실이 생기나 심한 운동이나 노동을 할 때는 생성된 열을 발산하기 위해서 많은 양의 수분이 필요하게 된다.

(6) 수분의 대사이상에서 오는 질병에 대해 알아보자.

① 몸이 붓는다(부종).

조직간액에 수분이 저류되어 있는 상태를 부종(dedma)이라 한다. 부종은 단백질 결핍, 네프로시스(nephrosis), 신염, 신부전, 호르몬의 이상 등에 의하여 일어난다.

*** 단백질 결핍에 의한 부종**

혈액과 조직간액 사이의 교질 삼투압 차이는 부종 발생과 밀접한 관계가 있다. 모세혈관벽은 무기질이나 수분을 쉽게 통과시키지만 혈장단백질은 통과하기 어렵다. 혈장내의 단백질은 모세혈관의 벽을 경계로 하여 단백질 농도가 낮은 조직간액과 나누어져 있는 형태이다. 따라서 여기에 삼투압이 나타나게 되는데 이 삼투압은 단백질 분자와 같은 고분자에 의한 삼투압이기 때문에 이를 특히 교질삼투압이라 한다.

단백질에 의한 삼투압은 단백질 분자량에 비례하는데 알부민이 글로불린에 비하여 삼투압에 미치는 영향이 훨씬 크다. 따라서 영양실조증으로 혈장단백질이 저하되고 단백질에 의한 교질 삼투압이 저하되어 혈관내의 수분이 조직간액으로 누출되기 때문에 부종이 일어난다. 같은 단백질 농도일지라도 알부민과 글로불린의 비율(A/G비)이 달라지면 당연히 삼투압도 달라진다. A/G비의 정상치는 2 : 1이며 염증, 간경변, 네프로시스(nephrosis)등의 경우 글로불린치가 높아진다.

*** Na의 저류에 의한 부종**

Na은 세포외액의 중요한 전해질이므로 세포외액에 Na이 과잉으로 저류되면 삼투압이 높아진다. 체액은 삼투압의 항상성 유지를 위하여 뇌하수체 후엽에서 항이뇨호르몬을 분비하므로써 조직간액의 수분배설을 감소시켜 수분이 정체되어 부종의 발생을 조절한다.

부종이 있는 사람에게 소금을 제한하는 것은 식염을 섭취할 경우 위와 같은 현상이 일어나 부종이 더욱 심해지기 때문으로 사구체신염에 의한 부종이 여기에 해당된다.

② 탈수를 일으킨다.

체내에 액체성분이 감소된 상태를 탈수증(dehydration)이라 한다. 주로 수분을 잃은 상태인 순수분 탈수증과 주로 소금을 잃은 상태인 염류 탈수증이다. 이 두 가지 모두 탈수증이지만 그 기전과 증상 및 치료법에 차이가 있다.

*** 순수분 탈수증**

정신이상으로 수분을 섭취하지 않거나 천재지변, 파선, 사막여행, 식도질환 등으로 수분을 섭취할 수 없을 경우, 땀을 많이 흘린 후 수분을 섭취하지 않았을 경우, 당뇨병이나 요붕증(diabetes insipidus)으로 다량의 수분을 소변으로 배설할 경우에 나타난다.

세포외액 중의 Na과 Cl의 농도가 높아짐에 따라 세포내의 수분이 빠져나오므로 세포내액이 감소된다. 따라서 심한 갈증이 일어나고 입이 마르게 된다. 이 증상은 수분을 공급하면 쉽게 회복된다.

＊ 염류 탈수증

수분이 충분히 공급되더라도 염류가 과잉으로 상실되어 일어나는 탈수증으로서, Na 결핍에 의해 일어나는 상태이다. 이것은 설사, 구토 등으로 소화액을 다량 잃었을 때 발생하며 유아에서 특히 심하게 나타난다.

땀을 많이 흘린 후 수분만을 다량 섭취하면 수분이 오히려 상실되지 않는 전형적인 염류결핍증이 된다. 염분을 잃으면 세포외액의 삼투압이 낮아지고, 그 결과 신장에서는 여분의 수분을 배설하여 삼투압을 높이려고 한다. 따라서 세포외액의 용적은 감소되지만 세포내의 수분은 감소되지 않고 오히려 주위의 삼투압이 낮아질 때는 팽화되는 경향이 있다. 결과적으로 권태, 무감동, 혼미, 근력의 저하가 일어난다.

고열작업장에서 일하는 사람이나 등산 등의 경우 수분만을 마시면 심한 피로가 올 수 있는데, 이때에는 수분과 함께 식염을 공급해야만 염류 탈수증을 예방할 수 있다.

2. 우리 몸에 필요한 에너지량은 얼마나 되나?

모든 에너지의 근본은 태양 에너지이다. 식물은 태양 에너지를 광합성이라는 화학작용을 통해 화학 에너지로 만들어 저장할 수 있다. 그러나 동물은 그러한 능력이 없으므로 동물은 식물을 먹음으로써 식물에 저장되어 있는 잠재 에너지를 이용하게 된다. 인간은 이러한 동물과 식물을 식품으로 섭취함으로써 에너지를 얻게 되고 그 에너지는 우리 몸 안에서 여러 작용을 거쳐 몸이 필요로 하는 형태의 에너지로 전환되어 이용되는 것이다.

우리 몸은 자고 있을 때나 깨어 활동할 때나 끊임없이 에너지를 소비하고 있어 에너지의 사용 없이는 지속적인 생명 현상이 이루어질 수 없는 것이다. 이렇게 필요한 에너지는 신체 활동에 필요한 힘의 근원이 되고, 심장의 운동, 혈관의 수축 이완, 호흡, 장기의 운동, 몸의 움직임 등의 원동력이 된다.

우리 몸이 필요한 에너지량을 알 수 있는 방법은 소비되는 에너지를 측정함으로써 추정하여 알 수 있는데, 우리 몸이 필요로 하는 에너지량은 기초 대사, 각종 활동에 필요한 활동 대사 및 음식을 먹음으로써 필요하게 되는 특이동적 작용에 필요한 에너지 등에 의해 결정된다. 1일 에너지 필요량은 다음과 같이 산출할 수 있다(에너지의 단위는 ㎉을 사용하며 물 1ℓ를 1℃ 상승시키는 데 필요한 열량이다).

(1) 기초 대사란 무엇인가?

체온의 유지, 세포의 활동, 신경 및 뇌의 활동, 심장 및 장기의 활동 등의 기초 대사에 필요한 에너지로, 기초 대사량을 측정할 때에는 다른 요인의 영향을 받지 않아야 하므로, 식후 12~16시간 경과 후 안정된 상태로 누워 있을 때 소비되는 에너지를 측정해야 한다. 기초 대사는 체중, 연령, 성별, 체온, 섭취 영양소의 종류, 호르몬 등의 영향을 받게 되는데, 체중이 많이 나갈수록 체표 면적이 많아지고 또한 체온의 방출 면적이 많아지므로 많은 에너지를 필요로 한다. 어린이는 성인에 비해 성장에 필요한 신진 대사가 왕성하게 일어나므로 단위 체중당 필요 에너지가 많다. 체중 1kg당 1세는 약 60㎉/day일, 5세는 약 50㎉/day일, 10세는 약 37㎉/day일, 성인은 24㎉/day일로서 성장과 함께 단위 체중당 기초 대사가 감소함을 알 수 있다. 그러나 성장과 더불어 체중이 증가하므로 연령이 많아질수록 필요 열량의 절대량은 많아지게 된다. 하루 필요한 기초 대사량은 '체중×연령별 단위 체중당 필요 에너지'로 환산하면 1세의 경우 650~670㎉/day일, 5세 900~950㎉/day일, 10세 1,200㎉/day일, 성인은 1200~1500㎉/day일이 된다. 여자의 기초 대사는 남자의 90%정도인데, 이는 남자보다 근육의 함량비가 낮기 때문이다. 그러므로 간단하게 기초 대사율을 계산할 수 있는 방법은 남자의 경우 1.0(㎉)×체중(kg)×24(시간), 여자의 경우는 0.9(㎉)×체중(kg)×24(시간)이다.

1일 에너지 필요량 = 기초대사(B)+활동 대사 (W)+ B+W/10

(2) 활동 대사란 무엇인가?

우리는 먹고 자고만 살지는 않는다. 여러 종류의 일이나 활동, 운동 등으로 일상 생활을 하고 있기 때문에 일이나 활동의 강도와 시간에 따라 소비되는 에너지가 달라지게 된다. 표 2-11, 표 2-12는 활동 강도에 따른 에너지 소모와 각종 1일 활동 대사량이다.

(표 2-11) 활동 강도에 따른 에너지 소모

	남 자			여 자		
	㎉/kg/min	체중60kg 60분(㎉)	100㎉소모시에필요한시간(분)	㎉/kg/min	체중60kg 60분(㎉)	100㎉소모시에필요한시간(분)
걷 기 60m/min	0.0534	192	31	0.0497	149	40
80m/min	0.0747	269	22	0.0687	206	29
자전거타기						
평 지 10km/h	0.0800	288	21	0.0741	222	27
포장로 10km/h	0.0416	166	36	0.0432	130	46
포장로 15km/h	0.0694	250	24	0.0634	193	31
산책, 평지	0.0694	250	24	0.0634	193	31
탁구	0.1490	536	11	0.1377	413	15
배구	0.0570	205	29	0.0529	159	38
맨손체조(보 통)	0.0552	198	15	0.0806	242	21
(활동적)	0.1083	339	30	0.0937	281	25
테니스	0.0924	333	18	0.0855	257	23
골 프	0.0835	301	20	0.0774	232	26

(표 2-12) 각종 1일 활동 대사량

급	활 동 상 태	㎉/kg/hr
A	하루 종일 휴식하고 있는 상태-주로 앉아서 책을 읽거나, 바느질을 하거나, 약간 걷거나, 서 있는 상태	0.50
B	아주 가벼운 노동(활동)-주로 앉아서 하루 종일 일을 하거나, 약 2시간쯤 걷거나 서 있는 종류	0.59
C	가벼운 노동(활동)-앉아서 타이프 치고, 실험실 등에서 서 있거나, 걸어 다니는 일의 종류	0.79
D	중간 노동(활동)-서 있거나, 걸어다니면서 집안일을 주로 하고, 때때로 마당 손질하기	1.10
E	심한 노동(활동)-서 있거나 걷거나 또는 운동· 춤 등의 활동을 하며, 별로 앉아 있지 않은 상태	1.69
F	격심한 노동(활동)-심한 운동으로 수영, 정구, 농구, 배구, 달리기 등의 운동을 많이 하는 상태	2.40

(3) 식품의 특이동적 작용(SDA : special dynamic action)

음식물을 먹음으로써 소화, 흡수, 운반, 분해, 합성 등의 과정이 일어날 때 필요한 에너지를 특이동적 작용에 의한 에너지라고 하며, 이는 기초 대사와 활동 대사에 필요한 에너지 섭취량의 10%정도가 된다. 각 영양소의 소화, 흡수 및 대사에 순수한 당질은 6%, 단백질은 30%, 지방은 4%의 에너지 대사를 항진시키는데, 균형된 혼합식을 할 경우 평균적으로 10% 정도가 된다.

(4) 우리 몸에 필요한 에너지량을 산출해 보자.

체중이 50kg인 성인 여성이 7시간의 수면을 취한 후 보통의 활동 상태라면 1일 필요한 에너지는 얼마나 될까? 1일 필요 에너지량을 산출해 보자.

① 기초 대사(B) 1,045kcal

· 24시간 기초 대사량(체중×24시간×단위 시간 체중당 기초 대사량)

50kg × 24 × 0.9 = 1,080kcal (여자의 경우)

· 수면에 의한 공제 (-10%)

50kg × 7 × 0.1 = 35kcal (수면 7시간)

② 활동 대사(W) (활동 강도에 따른 대사량 × 체중 × 활동 시간)

0.79 × 50kg × 17시간 = 671kcal

③ 식품의 특이동적 작용(SDA) (B + W의 10%)

(1,045 + 671) × 0.1 = 171kcal

하루 필요한 총열량 (B+W+SDA)

1.045 + 671 + 171 = 1,887kcal가 된다.

(5) 에너지 섭취의 부족과 과잉

우리 몸은 에너지 필요량보다 적게 에너지를 섭취했을 경우 부족한 에너지를 피하 지방이나 글리코겐에서 충당하게 된다. 에너지 부족 상태는 오래 지속될 경우 저장 글리코겐이 고갈되고 피하 지방이 소모된 후, 최종적으로 근육의 단백질이 분해되어 에너지원으로 이용되어 결과적으로 체중 감소뿐 아니라 신체의 여러 기능도 저하되게 된다.

반면 간과 근육에 글리코겐의 형태로 전환되어 저장될 수 있는 양은 제한되어 있기 때문에 필요 이상의 섭취에너지는(300~400g) 결국 지방으로 전환되어 피하 조직이나 각 기관의 장기 주변에 축적되게 된다. 지방의 축적도가 심할 경우에는 운동 기능뿐만 아니라 각종 생리 기능까지 저하되며 골격에 과중한 부담을 주어 건강 상태를 나쁘게 한다. 최근 우리 나라에서도 에너지 과잉 섭취로 인한 비만증과 이로 인한 성인병이 문제시되기 시작하였는데, 경제 발전에 의한 먹거리의 풍요와 식생활의 서구화로 식품 첨가물 및 고열량 식품의 이용, 산업화와 자동차 문화의 등장으로 인한 운동량의 감소가 그 원인이라 할 수 있겠다. 심각한 것은 소아 비만이 증가하고 있다는 점으로 일부 지역에서는 초등 학교 어린이의 20% 가량이 비만증을 가지고 있다고 한다. 어린이 비만은 성인 비만으로 연장되어 각종 성인병의 원인이 되므로 성장기 어린이의 균형 있는 에너지 섭취에 유의해야 할 것이다.

간단히 표준 체중과 비만도를 측정하는 방법을 알아보자. 성인은 주로 브로커 변법을 사용하고 영유아는 카우프 지수, 뢸러 지수를 주로 사용한다.

＊〈 브로커 변법(Braca) 〉

· 키 150cm 이상의 경우 : 표준체중kg = (키 cm - 100) × 0.9

· 키가 150cm 이하의 경우 : 표준 체중kg = 키cm - 100

· 비만도(표준체중의 백분율) : 현재체중/표준체중×100

＊〈비만도〉

비만도 측정	
> 120	비만
110~120	과체중
90~110	정상
80~90	저체중
< 80	극심한 저체중

＊〈BMI : body mass index〉

· BMI = 체중(kg)/신장(m)^2

일반적으로 BMI가 20~24.9를 정상의 범위라 하고 25~30은 과체중, 30이상은 비만이라 한다. 그러나 성별, 연령에 따라 체구성이 다르기 때문에 BMI 값의 정상 범위는 다를 수 있다.

유아의 비만을 판정할 때는 카우프 지수와 뢸러 지수가 이용된다. 키와 체중으로 신체 발육 상태를 판별하는 카우프 지수는 2세 이하의 영유아에게 적용하여 20이상일 때는 비만이라고 한다.

$$＊〈카우프지수〉 = \frac{체중(g)}{키^2(cm)} \times 10$$

가우프 지수	판정
13미만	영양불량
13-15	영양불량위험
15-18	정상
18-20	비만경향
20이상	비만

＊ 뢸러지수=체중(kg)÷키^3(cm)×10^7

뢸러 지수는 학동기 아동의 영양 평가법으로 키 110~129cm에서는 180이상, 130~149cm에서는 170이상, 150cm 이상에서는 160이상이 되어야 비만으로 판정한다.

(6) 필요한 열량을 알고 균형잡힌 식단을 작성해 보자!

한가지 식품에는 우리 몸이 필요로 하는 모든 영양소가 골고루 갖추어진 완전함은 존재하지 않는다. 따라서 매일 매일의 식사에 다양한 식품이 고루 포함되고 편식되지 않도록 과학적인 식단 계획이 필요하다.

식단작성의 방법은 크게 영양성분에 따라 대별하여 분류된 기초 식품군을 이용하는 방법과 식품 교환군을 이용한 방법의 2가지로 나눌 수 있는데 식품교환표를 이용하면 환자 식사뿐만 아니라 일반식 혹은 다이어트 식단작성도 쉽게 할 수 있어 주로 병원에서 환자 식단을 작성하는데 이용된다.

다음의 단계에 따라 식품 교환군을 이용한 식단작성을 배워보자.

① 총 필요열량과 당질, 단백질, 지방의 필요량을 산정한다.

열량의 구성비는 일반적으로 당질 55~60%, 단백질 15~20%, 지방 20~25%의 비율에 따라 결정한다.

(표 2-13) 식품교환표를 이용한 계산의 예

열량 : 1,800㎉ 당질 : 270g(60%) ,단백질 : 77g(17%), 지방 : 45g(23%)

식품교환군	교환단위수	당질(g)	단백질(g)	지방(g)	열량(㎉)
우 유 군	1	11	6	6	125
채 소 군	7	21	14		140
과 일 군	2	+24			100
		56 (270-56=214)			
곡 류 군	9	207	+18		900
			38 (77-38=39)		
어육류군 ┌ 저지방	2		40	4	100
└ 중지방	3			+15	225
지 방 군				25 (45-25=20g)	
	4			20	180
합 계		263g	78g	45g	1,770㎉

② 열량에 맞게 각 식품군별 교환 단위수를 결정한다.

* 1차적으로 우유군, 채소군, 과일군의 단위수를 결정한다.
* 위에서 정한 우유군, 채소군, 과일군의 당질, 단백질, 지방량을 계산한다.
* 곡류의 교환단위를 결정한다(이 때 우유군, 채소군, 과일군의 당질함량의 합계량을 총 당질 필요량에서 빼준 후 곡류 1교환 단위의 당질함량인 23g으로 나누어 총 곡류의 필요단위를 결정한다).

  균형된 식사를 위한 열량별 식품교환 단위수는 표 2-14과 같다.

(표 2-14) 열량별 식품 교환 단위수의 예

열량	곡류	어육류	채 소	과 일	우 유	지 방
1,400kcal	7	3	2	1	2	2
1,500kcal	7	4	3	2	2	2
1,600kcal	8	4	3	2	2	2
1,700kcal	8	4	3	2	2	3
1,800kcal	9	4	4	2	2	3
1,900kcal	9	5	4	2	2	3
2,000kcal	10	5	5	2	2	3

* 육류군의 교환 단위를 결정한다(우유군, 채소군, 곡류군의 단백질 함량의 합계량을 총 단백질 필요량에서 뺀 뒤 육류 1교환 단위의 단백질량인 8g으로 나누어 육류의 교환 단위를 결정한다.).

* 지방 교환단위를 결정한다(우유군과 육류군의 지방 함량의 합계량을 총 지방필요량에서 뺀 뒤 지방 1교환 단위의 지방량인 5g으로 나누어 교환단위를 결정한다).

③ 교환 단위를 끼니별로 나눈다.

(표 2-15) 1,800㎉의 끼니별 교환단위수 배분의 예

식품교환군 / 끼니	곡류군	어육류군		채소군	지방군	우유군	과일군
		저지방	중지방				
아 침	2		1	2	1		
점 심	3	1	1	2.5	1		
간 식	1				1	1	1
저 녁	3	1	1	2.5	1		1
총교환단위수	9	2	3	7	4	1	2

④ 식품의 종류와 양을 정하고 단위주기와 조리법을 결정하여 식단을 완성한다.

: 예를 들어 1주일 주기 식단, 2주일 주기 식단, 한 달 주기 식단, 혹은 계절 주기 식단으로 할 것인지를 결정한다.

(표 2-16) 1200㎉의 다이어트 식단작성의 예

	음식명	함유식품	각 식품별 kcal	kcal	식품군별 교환단위	
					식품군	교환단위
아침	쌀밥 반그릇			150	1	1.5
	두부달걀무 6/1모	두부	75	135	2	1
		식용유1작은스푼	45		4	1
		달걀	15		2	0.2
	김치 작은 1접시			20	3	1
	깻잎 10장			10	3	0.5
	김 1장	김	10	55	3	0.5
		기름1작은스푼	45		4	1
	주스 반잔			40	6	1
kcal 소계				410		
점심	햄버거	햄버거빵 2개	200	360	1	2
		햄 1쪽	75		2	1
		야채	40		3	2
		기름1작은스푼	45		4	1
	다이어트콜라 1캔			1	X	X
kcal 소계				361		
저녁	쌀밥 반그릇			150	1	1.5
	미역국	육류	15	45	2	0.3
		미역	10		3	0.5
		지방	20		4	0.5
	김치			20	3	1
	숙주나물 1/3컵	숙주	20	40	3	1
		참기름 1/2작은스푼	20		4	0.5
	쇠불고기 100g			250	2	3
kcal 소계				505		
kcal 총계				1276		
오늘의 과부족 kcal						

오늘 섭취할 1200kcal 중 과부족량의 보충방법	운동과 에너지 소비량 (100kcal를 소모하는 운동의 예) 걷기(28분), 제자리 뛰기(6분), 빨리 걷기(10분), 달리기(1.2㎞), 자전거타기(6분), 윗몸일으키기(18회), 앉았다 일어서기(25회), 수영(10분), 노래(35분), 잔디깍기(10분), 역도(25회), 잡아당기기(12회), 들어올리기(25회), 핸드볼(18분), 낚시(75분), 댄스(18분), 하이킹(22분), 방망이 휘두르기(35회), 토끼뜀(12회), 제자리높이뛰기(25회), 줄넘기(18회), 계단오르내리기(120단)
총 kcal 섭취량	

교환단위수 산출	1. 곡류군	2. 어육류군	3. 채소군	4. 지방군	5. 우유군	6. 과일군	교환단위상의 문제
	5	5.5	6.5	4	1	1	어육류군 과대 지방군 과대

1. 곡류군

1교환단위당 영양소 함량

당질 : 23g / 단백질 : 2g / 열량 100kcal

식 품	무 게(g)	눈어림치	식 품	무 게(g)	눈어림치
쌀밥	70	1/3 공기	시루떡	50	
보리밥	70	1/3 공기	인절미	50	3개(3× 2.5× 1.5)
백 미	30	3 큰스푼	마른 국수	30	
현 미	30	3 큰스푼	삶은 국수	90	1/2 공기
찹 쌀	30	3 큰스푼	메밀국수	30	
보리(쌀보리)	30	3 큰스푼	당면(마른 것)	30	
미숫가루	30	5 큰스푼	냉면(마른 것)	30	
율 무	30	5 큰스푼	도토리묵	200	1/2 모
차수수	30	3 큰스푼	메밀묵	200	
차 조	30	3 큰스푼	녹두묵	100	
팥(붉은 것)	30	3 큰스푼	감 자	130	中 1 개
녹말가루	30	3 큰스푼	고구마	100	中 1/2 개
머핀(옥수수)	30	5 큰스푼	토란	130	1컵
모닝빵	35	中 1/2 개	옥수수	50	1/2 개
바게트빵	35	中 1 개	밤(생것)	60	中 6 개
식 빵	35	中 2 쪽	은 행	60	
햄버거빵	35	1 쪽	오트밀	30	1/3 컵
가래떡	50	1 쪽	콘플레이크	30	3/4 컵
		썰은 것 11개	크래커	20	5개

* 1교환 단위는 다음과 같다.

2. 어육류군

■ 저지방

1교환단위당 영양소 함량

단백질 : 23g / 지방 : 2g / 열량 50kcal

식품	무게(g)	눈어림치	식품	무게(g)	눈어림치
닭고기(껍질, 기름 제거한 살코기)	40	小 1토막 (탁구공 크기)	굴 비	15	1/2 토막
			멸치(잔 것)	15	1/4 컵
닭 간*	40		뱅어포	15	1장
돼지고기(기름기 전혀 없는 살코기)	40	로스용1장(12× 10.3㎝, 탁구공 크기)	북 어	15	1/2 토막
			쥐치포	15	·
소고기 (사태, 홍두 깨 등)	40	로스용 1장 *96mg	어묵(튀긴 것)	30	中1장(6× 8.5㎝)
			어묵(찐 것)	50	·
소 간*	40		물오징어*	50	*150mg
개고기, 토끼고기	40		새우(중하)*	50	3 마리 *75mg
칠면조(껍질제거)	40		새우(깐 것)*	50	1/4 컵 *75mg
육 포	15		꽃 게	70	小 1마리
가자미, 광어	50	小 1 토막	굴	70	1/3 컵
대구, 동태	50	小 1 토막	낙 지	100	1/2 컵
병어, 복어	50	小 1 토막	멍 게	70	1/3 컵
연어 적어	50	小 1 토막	미더덕	100	3/4 컵
조기, 참도미	50	小 1 토막	문 어*	70	1/3 컵 *95mg
참치, 홍어	50	小 1 토막	전 복*	70	小 2개 *98mg
명란젓*	40	*136mg	조갯살	70	1/3 컵
창란젓*	40		해 삼	200	1과 1/3컵
건오징어채*	15	*147mg	홍 합	70	1/3 컵

* 콜레스테롤이 많이 함유된 식품임(1교환 단위당 함량)

* 1교환 단위는 다음과 같다.

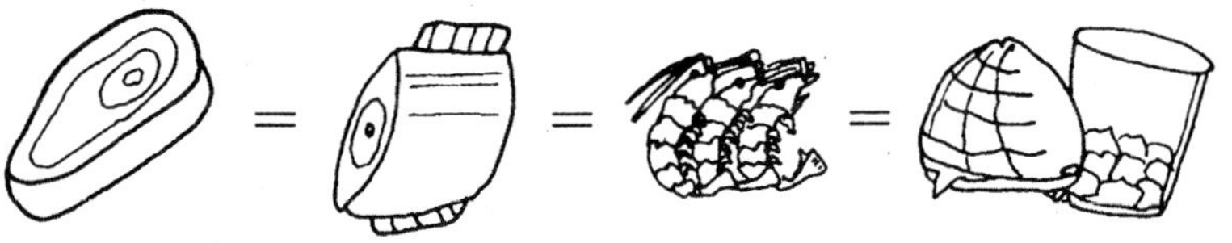

고기류(탁구공 크기) 생선 小 1토막 새우 3마리 조개살 1/3컵

■ 중지방

1교환단위당 영양소 함량

단백질 : 8g / 지방 : 5g / 열량 75kcal

식 품	무 게(g)	눈어림치
돼지고기(안심)	40	
소고기(등심, 안심)	40	로스용 1장(12× 10.3㎝)
소곱창*	40	
햄(로스)	40	1쪽(8× 6× 0.8㎝)
고등어, 꽁치	50	小 1 토막
도루묵, 민어	50	小 1 토막
삼치, 이면수	50	小 1 토막
장 어*	50	小 1 토막*100mg
전갱어, 준치	50	小 1 토막
청어, 갈치	50	小 1 토막
달 걀*	55	中 1개
메추리알*	40	5개 *188mg
검정콩	20	2 큰스푼
두 부	80	1/6 모
순두부	200	1 컵
연두부	150	1/2 개

* 콜레스테롤이 많이 함유된 식품임(1교환 단위당 함량)

* 1교환 단위는 다음과 같다.

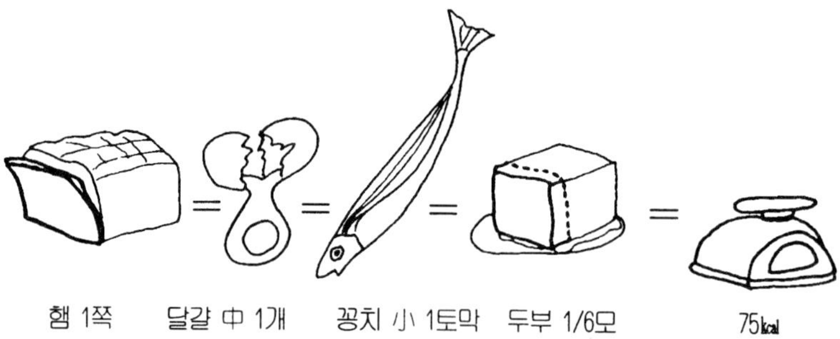

■ 고지방

1교환단위당 영양소 함량

단백질 : 8g / 지방 : 8g / 열량 100kcal

식 품	무 게(g)	눈어림치
닭고기(껍질 포함)◉	40	
돼지족, 돼지머리◉	40	
삼겹살◉	40	
소갈비◉	30	小 1 토막
소꼬리, 우설◉	40	
런치미트◉	40	5.5× 4× 1.8(㎝)
프랑크소시지◉	40	1과 1/3 개
참치 통조림◉	50	1/3 컵
고등어 통조림◉	50	1/3 컵
꽁치 통조림	50	1/3 컵
뱀장어*	50	小 1 토막 *99mg
치 즈	30	1.5 장
유 부	30	유부 6 장

* 콜레스테롤이 많이 함유된 식품임(1교환 단위당 함량)

◉ 포화 지방이 많이 함유된 식품임

* 1교환 단위는 다음과 같다.

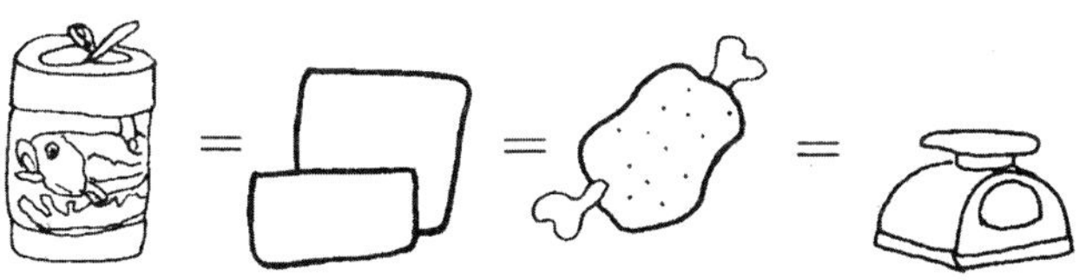

생선 통조림 1/3컵 치즈 1.5장 갈비 小 1토막 100㎉

3. 채소군

1교환단위당 영양소 함량

당질 : 3g / 단백질 : 2g / 열량 20kcal

식 품	무 게(g)	눈어림치	식 품	무 게(g)	눈어림치
가 지	70	지름30× 길이10(㎝)	김	2	
깻 잎	20	20장	물미역	70	
고구마순, 근대	70	익혀서1/3 컵	상추, 양상추	70	
고비(삶은 것)	70		샐러리	70	6㎝ 길이 6개
고사리(삶은 것)	70	1/3 컵	숙주, 쑥갓	70	익혀서 1/3 컵
고춧잎(생 것)	25	1/2 컵	쑥, 아욱	50	
냉 이	50		시금치	70	익혀서 1/3 컵
단무지	70		채소 주스	200	1 컵
달 래	70		양배추	70	익혀서 2/5 컵
당 근	70	지름4× 길이5(㎝)	양파, 연근	50	
더 덕	25	中 2개	열무, 오이	70	
도라지(생것)	50	1/2 컵	우 엉	25	
두 릅	50		죽순, 취(생것)	70	
마늘쫑	25		치커리, 컬리플라워	70	
머 위	70		케 일	70	잎넓이 30㎝ 1장반
무, 미나리	70	익혀서 1/3 컵	콩나물	70	익혀서 2/5 컵
무말랭이	10	불려서 1/3 컵	풋고추	70	中 7~8 개
무 청	50		풋마늘	50	
느타리, 싸리버섯	70		피 망	70	中 2 개
표고버섯(생것)	50	大 3 개	호 박	70	지름6.5× 두께2.5(㎝)
양송이	70		단호박	40	
부 추	70	익혀서 1/3 컵	깍두기	50	
브로콜리	70		포기 김치	70	

* 채소군은 익혀서 1/3컵

4. 지방군

1교환단위당 영양소 함량

지방 : 5g / 열량 45kcal

식 품	무 게(g)	눈어림치
들기름, 미강유	5	1 작은스푼
옥수수기름	5	1 작은스푼
유채기름	5	1 작은스푼
콩기름, 참기름	5	1 작은스푼
카놀라유	5	1 작은스푼
라아드⊙, 쇼트닝⊙	5	1.5 작은스푼
마가린	6	1.5 작은스푼
버 터⊙	6	1.5 작은스푼
땅콩버터	7	
마요네즈	7	1.5 작은스푼
베이컨	7	1 조각
땅 콩	10	10개(1큰스푼)
아몬드	8	7개
잣, 참깨	8	1 큰스푼
피스타치오	8	10개
해바라기씨	8	1 큰스푼
호 두	8	大 1개

◉ 포화 지방이 많이 함유된 식품임.

* 1교환 단위는 다음과 같다.

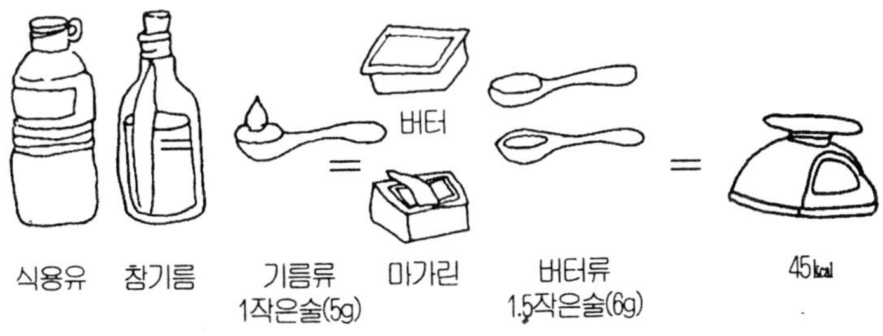

5. 우유군

1교환단위당 영양소 함량

당질 : 11g / 단백질 : 6g / 열량 125kcal

식 품	무 게(g)	눈어림치
우유, 탈지우유+	200	1 컵(1 팩)
락토우유	200	1 컵(1 팩)
저지방 우유(2%)	200	1 컵(1 팩)
두유(무가당)	200	1 컵(1 팩)
무당연유	100	1/2 컵
저지분유, 조제분유	25	5 큰스푼
탈지분유+	25	5큰스푼

+ 탈지우유나 탈지분유를 사용할 때에는 지방군 1교환 단위를 추가할 수 있음

* 1교환 단위는 다음과 같다.

우유 1팩 = 두유 200mg = 125kcal

▷ **유제품의 열량**

대부분의 유제품은 과즙, 과일시럽, 설탕 등이 함유되어 있으므로 주의를 요한다.

제품명	포장단위 1개(g)	열량 (kcal)	제 품 명	포장단위 1개(g)	열량 (kcal)
요플레(딸기)	110	120	요델리(딸기)	110	100
꼬 모(딸기)	110	115	다 농(딸기)	110	115
비피더스(딸기)	110	85	바이오거트(딸기)	100	100
요델리(플레인)	110	100	바이오거트(플레인)	100	95
한국 야쿠르트	65	80	파스퇴르 요크르트	145	85
불가리스	150	150	덴마크드링킹 요쿠르트	180	69

6. 과일군

1교환단위당 영양소 함량

당질 : 12g / 열량 50kcal

식 품	무 게(g)	눈어림치	식 품	무 게(g)	눈어림치
단 감	80	中 1/2개	수 박	250	大 1쪽
연 시	80	小 1개	앵 두	120	
귤	100	中 1개	자 두	80	大 1개
금 귤	60	7개	참 외	120	小1/2개
오렌지	100	大 1/2개	키 위	100	大 1개
자 몽	150	中 1/2개	토마토	250	大 1개
대추(말린 것)	20	8개	체리 토마토	250	中 20개
대추(생것)	60	8개	파인애플	100	
딸 기	150	10개	파파야	100	
멜론(머스크)	120		포 도	100	19개
바나나	60	中 1/2개	포도(거봉)	100	11개
배	100	中 1/2개	사과 주스	100	1/2컵
복숭아(황동)	150	中 1/2개	오렌지 주스	100	1/2컵
복숭아(천도)	200	小 2개	파인애플 주스	100	1/2컵
살 구	150		토마토 주스	200	1컵
사과(후지)	100	中 1/3개			

* 1교환 단위는 다음과 같다.

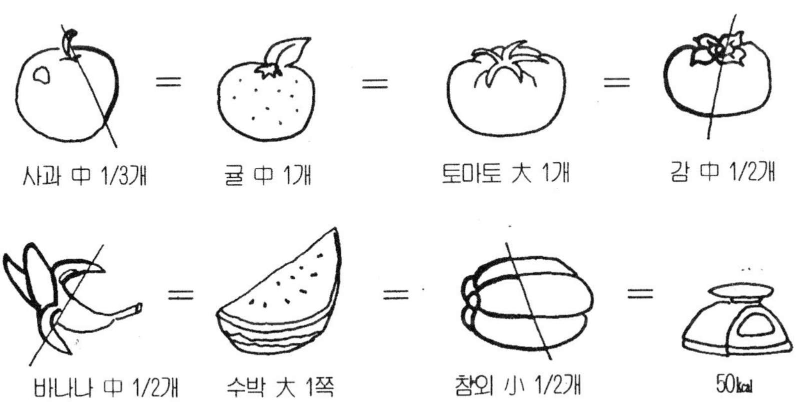

제 3 장 아름다운 피부

아름다워지고 싶어하는 것은 모든 사람들이 바라는 욕망이다. 美라는 것은 무엇일까? 싱싱한 건강미는 아름답기를 희망하는 모든 여성의 바램일 것이다. 여기서 아름다운 피부라 함은 화장품으로 아름답게 보인 피부를 말하는 것이 아니다. 피부의 '건강미', '화장기 없는 피부의 아름다움'을 가르키는 것으로 만든 것이 아닌 자연스러운 것이 바로 아름다움일 것이다. 아름답다는 것은 신체가 자연그대로 건강하다는 것을 의미하는 것으로 아름다운 피부의 조건은 다음과 같다.

- 피부의 표면이 매끈하고 윤기가 있으며 보습에 의한 촉촉함을 유지해야 한다.
- 피부가 탄력있고 팽팽하여 접촉시 저항감이 없는 피부이어야 한다.
- 피부의 혈액순환이 좋아 혈색이 좋고 건강미가 있어야 한다.

1. 피부의 구조 및 역할은 무엇일까?

피부는 표면에서부터 표피(表皮), 진피(眞皮), 피하지방의 3층으로 구성되어 있다. 표피는 진피를 외부로부터 보호해 주고 피하 지방은 진피의 아래에 있어 쿠션과 같은 역할을 한다(그림 3-1).

표피는 각질층, 과립층, 유극층, 기저층의 4개층으로 구성되어 있다(그림 3-2). 그 중에서 각질층은 수분을 함유하고 있어 피부의 촉촉함을 유지하며, 10-20%의 수분이 함유되어 있을 때가 가장 좋은 상태이다. 또한 피부의 맨 위 표면부분으로 이 표면에서는 끊임없이 각질조직이 벗겨져 떨어진다. 각질층은 바깥쪽부터 순서대로 피부에서 떨어져 나가고 새로운 세포가 밀려나온다.

따라서 피부를 정돈한다는 것은 이렇게 하여 각질층의 표면을 매끈하게 하는 것이다. 우리들이 눈으로 보는 피부의 대부분은 각질층으로 미용상 피부가 아름답다거나 그렇지 않은 경우 등은 이 같은 표면의 각질층을 보고 말하는 것이다. 따라서 각질층을 정돈하는 것은 미용상 중요한 의의가 있다. 또한 끊임없는 세포분열을 통해 새로운 세포를 만들어 내는 기저층에서는 피부의 색과 밀접한 멜라닌 색소를 만들어 낸다.

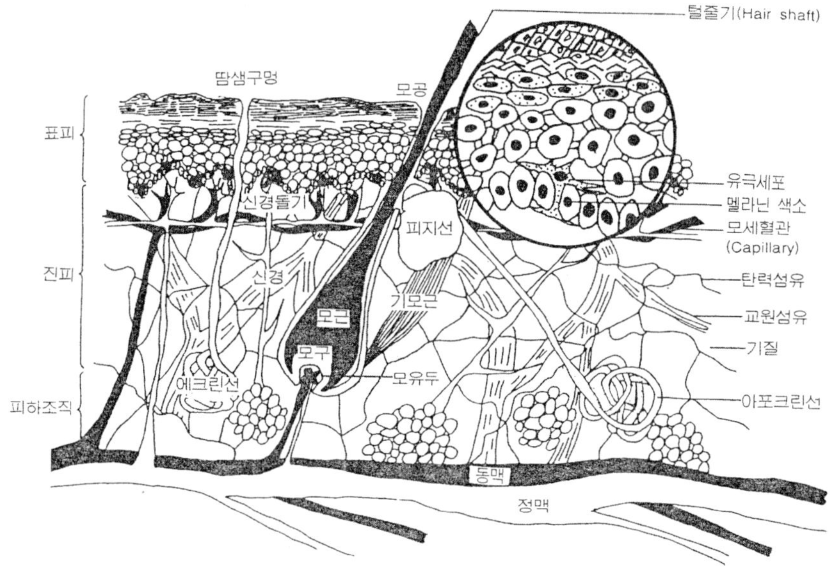

(그림 3-1) 피부의 단면도

진피는 표피 밑에 있는 층으로 피부의 여러 가지 기능과 관계가 있는 부분이다. 진피층은 결합섬유과 탄력섬유로 구성되어 있는데, 결합섬유는 신체 내부를 보호하는 역할을 하며 노화가 진행됨에 따라 섬유가 늘어나 그 기능이 떨어지게 된다. 한편, 탄력섬유는 피부에 탄력을 주는 섬유로 노화시 수분이 감소되어 역시 그 기능이 저하된다.

피하지방은 진피와 근육, 뼈 사이에 있는 부분으로 지방을 많이 함유하고 있어 피하지방 조직이라고 한다. 피하조직의 두께는 부위, 연령, 성별에 따라서, 또는 사람마다 개인 차에 따라 다르다.

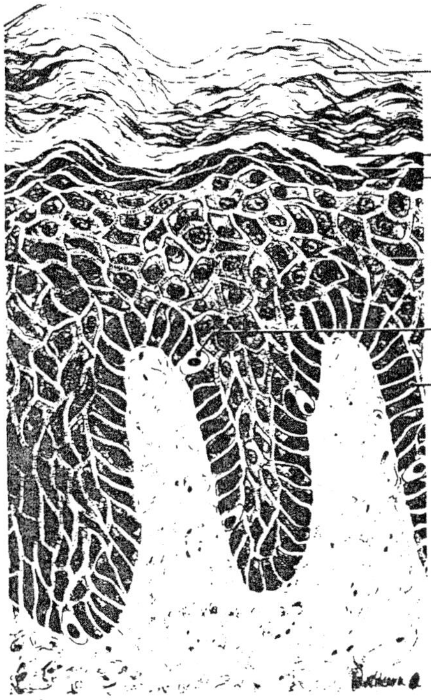

(그림 3-2) 피부표면

인체의 피부표면은 triglyceride, mono glycerol, diacyl glycerol, fatty acid, wax easter, squalene, sterol, ceramide 등 지방의 혼합체로 구성되어 있다. 피부의 면적이나 두께는 개인에 따라 차이가 있으나 총면적은 성인의 경우 약 1.6m^2, 두께는 평균 1.4mm, 무게는 체중의 약 16%를 차지한다.

2. 피부의 유형을 알고 관리하자!

피부는 피지의 차이에 의해서 일반적으로 구분하나 성별, 연령, 환경, 기후, 내적건강상태 등의 여러 가지 요인에 의해서 변화될 수 있다.

건강한 피부란 기능적으로 잘 유지되는 피부를 말한다. 즉, 피부라는 신체 기관이 제 할 일을 잘 하고 있는 상태일 때 건강한 피부라고 한다. 피부가 해야 할 가장 큰 일은(피부의 기능) 유해한 외부 물질이나 자극에(자외선, 추위, 더위, 저압력의 전류, 바람, 먼지 등) 대해 인체를 보호해 주는 일이다. 이 피부의 기능이 제대로 작동되지 않으면 위의 작은 자극에도 말썽을 일으킨다. 투명한 피부란 보기에 아름다운 피부를 말하는데, 피부가 투명하게 보이기 위해서는 멜라닌 색소, 혈색소, 카로틴 색소가 침착되지 않으면서 각질층이 너무 두꺼워도 안된다.

보편적으로, 피부건강에 좋은 실내 습도는 60~70 %, 실내온도 18~20℃ 정도이다. 아침저녁 기온차가 심한 환절기엔 특히 적정 실내온도 및 습도를 유지하는데 주의를 해야 한다. 때로는 피부가 트는 사람도 있다. 이것은 각질층에 충분한 수분이 공급되지 않았다는 신호이다. 수분이 모자라면 피부 각질층은 갈라지고 일어나게 되는데, 특히 차고 건조한 바람이 불때 피부수분이 많이 증발된다.

피부가 건조한 사람은 목욕 횟수와 시간을 줄이는 것이 좋다. 또한 목욕 시 비누를 쓰는 일도 줄이고, 뜨거운 물보다는 미지근한 물로 씻도록 해야한다. 한편, 목욕시간도 짧게, 그리고 목욕 후에 전신은 물론 특히 가장 건조하기 쉬운 부분인 팔 다리, 정강이 부위에 보습제를 발라 피부습도를 맞춰주는 것이 좋다. 좋은 피부를 가졌다는 것은 그만큼 성실히 자신의 몸을 돌보았다는 얘기가 될 것이다.

(표 3-1) 피부의 유형별 특징과 피부관리

<table>
<tr><th>피부타입</th><th colspan="2">특징</th><th>피부관리</th></tr>
<tr><td>정상피부</td><td colspan="2">-피부의 혈색이 좋고 윤기가 흐름
-피지와 땀의 분비가 적당하며 부드럽고 촉촉한 느낌
-화장이 잘됨</td><td>-규칙적으로 계절의 변화를 고려하여 관리
-충분한 수면과 적당한 운동, 식습관으로 현재의 상태를 유지하는데 목적을 둔다.</td></tr>
<tr><td>지성피부</td><td colspan="2">-유동성 분비물이 많아 피부가 거칠고 모공이 크다.
-여드름이 생기며 화장이 잘 지워짐</td><td>-철저한 세안으로 청결하게 보호
-수분성 화장품을 사용하며 모공을 막거나 자극하지 않는 가벼운 로션사용</td></tr>
<tr><td>건성피부</td><td colspan="2">-유분이 적어 각질이 생김
-피지 분비량이나 수분부족으로 인한 피부당김과 잔주름이 많고 피부의 탄력이 없음
-당기고 조이는 느낌</td><td>-수분/영양공급과 동시에 혈액순환을 위한 마사지, 팩을 실시
-알코올이 함유되지 않은 순한제품으로 토닝
-충분한 수면과 비타민, 미네랄류 섭취</td></tr>
<tr><td>민감성 피부</td><td colspan="2">-표피가 얇아 얼굴이 쉽게 붉어지고, 열이 쉽게 나며 조그만 자극에도 예민하게 반응
-실핏선이나 모세혈관의 확장으로 피부색이 일정하지 않다.</td><td>-지나친 세안과 알코올이 함유된 제품은 피한다.
-자외선과 외부자극으로부터 진정위주의 관리</td></tr>
<tr><td>복합성 피부</td><td colspan="2">-T존 부위에 피지 분비량이 많으며 번들거림
-눈밑은 건조하고 잔주름이 형성되며 이마와 턱 부위에 뾰루지가 나기도 한다.</td><td>-건조해지기 쉬운 눈과 입주위는 유분을 공급하며 T존 부위는 세심한 세안
-알코올이 약간 함유된 제품으로 토닝</td></tr>
<tr><td rowspan="2">기타피부</td><td>여드름</td><td>-피부 전체에 유동성 분비물이 많고 피부표면에 과각질화현상
-피부결이 거칠고 안색이 거무칙칙</td><td>-철저한 이중세안과 유성의 화장수를 피하고 살균성이 있는 수분공급 화장수 사용
-피지 제거를 위한 점토(clay)와 진흙(mud)팩 사용</td></tr>
<tr><td>기미</td><td>-피부 표면이 얇아 보이며 외부자극에 민감
-쉽게 붉어지거나 열이나기도 함</td><td>-자극이 강한 향료, 물리적 자극을 최대한 피함
-비타민 C가 함유된 식품류를 섭취하고 정신적 스트레스를 피하며 충분한 휴식과 수면</td></tr>
</table>

☞ 깜짝 미용상식!

▷ 피부를 위한 마사지! 그 효과와 부작용은?

마사지는 미안술(美顔術)에서 중요한 의미를 지닌다. 마사지는 피부의 혈액 순환을 원활하게 하여 혈행과 피부의 신진대사를 촉진시키는 작용을 한다. 또한 목욕 후나 적외선을 쬐었을 때와 같이 피부의 온도를 높여 주기도 하며 모세혈관을 튼튼하게 한다.

볼이 붉어서 고민하는 여성들이 있는데, 붉은 부위는 모세혈관에 흐르는 혈액이 피부를 통해서 보이는 증상이다. 이런 붉은 피부에 마사지를 잘 해주면 혈액의 흐름이 좋아질 뿐만 아니라 혈관벽이 튼튼해져서 붉은 기가 없어지는 효과를 볼 수 있다.

단 마사지는 염증이 있는 피부나 햇빛에 탄 피부에는 절대로 해서는 안 된다. 특히 염증이 있는 여드름 피부에 마사지를 하면 자극을 일으켜 여드름이 악화되기 때문에 피해야 한다. 마사지가 끝나면 크림을 깨끗이 씻어내야 하며, 필요에 따라 비누로 세안을 해도 된다. 특히 지성 피부나 여드름 피부의 경우, 크림성분이 깨끗이 제거되지 않고 피부에 남으면 모공을 막게 되어 여드름을 유발시키거나 여드름을 악화시킬 수도 있으므로 크림을 완전하게 제거해야 한다.

▷ 사우나는 과연 피부에 좋을까?

건강에 대한 관심이 커지면서 사우나를 즐기는 사람들도 늘어나고 있다. 수증기가 피부에 닿으면서 피부를 촉촉하게 해 줄 수는 있다. 그러나 수분은 밖으로 나오면 20분도 안되어 말라 버리므로 사우나 후에는 모이스처라이저(보디로션, 크림)를 발라서 피부를 보호해 주어야 한다.

뜨거운 열기에 얼굴이 자주 노출이 되면, 자극에 의해 붉은 피부가 되거나 모세혈관 확장증상이 일어날 수 있다는 점도 알아두어야 한다. 얼굴에 자극을 피하기 위해서는 사우나실에 들어갈 때 타월로 얼굴을 가리는 것도 하나의 요령이 될 것이다.

땀을 많이 흘리는 운동을 하고 난 후 목욕의 상쾌함은 그 무엇과도 비교 할 수 없을 것이다. 피로회복과 상쾌한 기분의 유지에 운동 후 목욕만큼 좋은것도 드물 것이다.

골프, 에어로빅 등 스포츠 활동 후 목욕은 15분 정도가 적당하고 목욕을 하고 나면 졸리게되는데 이는 목욕이 많은 에너지를 소비하게 되기 때문이다. 보통 1회 15분 정도의 목욕으로 약4km 걷기의 효과가 있다. 목욕의 효과로는 피로회복과 스트레스 해소, 정신적 긴장 완화를 들 수 있으며 목욕물의 온도는 40℃ 내외가 적당합니다.

운동 후에는 어느 기간 동안은 피부혈관이 확장되어 있고, 피부의 혈류량이 많고, 혈압이 낮다. 이때 찬물로 목욕을 하면 피부혈관이 갑자기 수축되어 혈압이 올라가고 심장의 부담이 급증하게 되고, 반대로 뜨거운 물로 목욕을 하게 되면 피부혈관을 확장시키고 혈압 저하와 뇌빈혈을 일으킬 수 있으므로 운동 후에는 심박수가 안정상태에 이르고 땀이 멎을 때까지 기다려서 목욕을 하는 것이 좋으며 운동으로 땀을 많이 흘린 뒤에는 가볍게 미지근한 물로 샤워 정도 하는 것이 좋다.

특히 노인은 혈압이 높은 사람이 많으므로 주의가 요망되고 목욕물의 온도는 미온이 좋다. 피부가 땀이 난 경우나 추운 겨울철의 경우 뜨거운 탕의 온도에 대해 피부, 혈압 등은 민감한 반응을 보이게 되는데 뇌출혈, 심근경색, 협심증 등이 목욕직후 발생하는 사례가 있으므로, 탕속에 들어가기 전에 신체를 충분히 뜨거움에 익숙해지게 한 다음 들어가는 것이 중요합니다.

목욕시 주의 사항으로 식후에 곧 목욕하는 것은 피하고 적어도 30분 이상 지난 후에 탕에 들어가고, 음주 후 목욕, 특히 뜨거운 탕에서는 위험하다.

또 과격한 스포츠 직후에 입욕하는 것도 삼가 해야 하며 목욕 후에 차가운 음료를 마시는 것은 아주 해롭다. 여름철 목욕은 간단한 샤워만으로도 충분하여 목욕 후 찬 물수건으로 몸을 닦는 것이 좋으며 발에 찬물을 끼얹으면 감기 예방에 효과가 있다고 한다.

혈압이 높거나 심장이 약한 사람은 온탕, 냉 탕욕을 번갈아 하는 것은 피하고 목욕 후에 현기증이 나면 지나친 것이니 목욕 횟수와 시간과 온도를 적당히 해야한다. 사우나가 체내의 노폐물을 체외로 배출시키고 일시적인 체중감량의 효과는 분명히 있으나 24시간이 지나면 모든 것은 원 상태로 회복되고 장시간의 무리한 사우나는 근력을 약화시키며, 피로를 증가 시켜 오히려 건강을 해칠 수 있으며 건강관리 차원에서 대부분의 사람들이 인식하고 있는 것만큼 그 효과가 크지는 않다고 한다.

3. 피부의 pH란?

피부의 pH는 피부표면으로 배출된 땀과 피지가 혼합되어 형성된 피부표면의 보호막의 pH를 말한다. 피부의 pH는 언제나 약산성으로 유지되는데, 이는 피지 중에 있는 지방산과 땀 안의 유산때문이며 피지분비의 정도, 성별, 온도 등에 의해 다소 차이가 있지만 일반적으로 피부의 pH는 4.5~5.5를 유지하게 된다.

4. 피부와 멜라닌 색소

피부의 색은 인종에 따라 다르고, 몸의 부위에 따라서 차이가 있으며, 건강상태와 스트레스 등의 심리상태에 의하여 더욱 변화한다. 멜라닌은 일종의 단백질로 미세한 황갈색의 과립이다. 이러한 멜라닌 색소가 많이 모여 있는 부위는 검게 보이게 되는데, 이는 피부의 위치에 따라 다른 색을 띄게 된다. 멜라닌 색소가 피부 표면에 가까울수록 갈색조가 강하고 그 양이 많으면 흑갈색 또는 흑색으로 된다. 일반적으로 여성보다 남성이 젊은층보다 고령층이 색소가 많이 생성된다. 신체 부위별로는 손바닥, 발바닥에 색소가 적고 음낭, 음진, 항문주변, 유두 등에 많이 분포되어 있다.

5. 자외선은 피부의 적?

태양광선 중 인체에 영향을 미치는 것으로는 자외선, 가시광선, 적외선으로 분류할 수 있다. 이러한 태양광선의 대부분은 대기권 내에서 흡수되지만 적외선은 열선으로 자외선은 광선으로 인체에 작용한다. 일광은 피부에 도움이 되기도 하고 해가 되기도 하는데, 그 작용으로는 비타민 D의 형성과 살균소독작용, 혈액순환 촉진 등의 효과가 있으나 무리한 일광은 피부의 색소침착, 피부암을 비롯한 피부노화의 촉진을 가져온다.

한 예로 햇빛은 칼슘의 신진대사 작용과 뼈를 튼튼하게 하는데 필요한 비타민 D를 생성시킨다. 그러나 우리 몸에서 필요한 비타민 D는 하루 15분 정도의 햇빛 노출로도 충분하며, 설사 햇빛에 의해 비타민 D가 생성되지 않더라도 미개발 국가에 사는 사람들을 제외하고는 우리가 늘 섭취하는 비타민 D로도 충분하다.

자외선으로 인하여 발생하는 대표적인 피부트러블이라면 역시 기미와 주근깨이다. 기미나 주근깨가 멜라닌 색소의 침착으로 생긴다는 사실은 잘 알려져 있다. 멜라닌은 자극에 민감하게 반응하기 때문에 자외선이나 마찰 등에 의해 색소의 생성이 활발해지면서 기미, 주근깨와 같은 트러블이 발생하게 된다.

또한 피부가 햇볕에 닿으면 노화하거나 주름살이 생기는데, 대부분의 피부과 의사와 피부 전문가들은 주름의 80~90%가 자외선에 의해 생긴다고 말한다. 이것은 자외선으로 피부의 단백질인 콜라겐이 감소해 피부가 얇아져 주름살이 생기는 것이다. 따라서 햇살이 따가운 여름철에는 되도록 햇볕에 그을리지 않도록 주의하는 것이 필요하다. 햇볕에 그을어서 생기는 피부트러블을 방지하기 위해서 제일 중요한 것은 직사광선에 노출되지 않도록 하는 것이다. 특히 오전 12시부터 오후 2시까지는 자외선이 강한 시간이므로 이 시간대에 외출은 피하는 것이 좋다.

피부가 자외선에 노출되면 피부 표면은 거칠고 단단해지며, 건조하게 된다. 또한 피부색이 얼룩지면서 멜라닌 색소의 과잉 생성으로 기미, 주근깨, 노인성 반점(검버섯) 등이 나타나며, 피부의 노화가 가속화되어 조기 노화 증상과 주름이 생기게 된다. 이와 같이 햇빛에 의해 진행되는 노화 과정을 일광(자외선) 노화라고 한다.

이러한 일광 노화는 정상적인 연령 노화에 의해 일어나는 변화와는 다르다. 일광노화가 일어나면 피부의 탄력을 유지하는 탄력 섬유소가 급속히 파괴되어 탄력이 떨어지며 주름이 생기게 된다. 또한 정상 노화에서는 표피가 얇아지지만, 자외선 노화에서는 표피가 두터워지며 피부는 가죽같이 뻣뻣해진다.

실제로 격일로 하루 5~15분의 강한 태양광선에 노출만으로도 피부의 노화현상을 촉진한다는 보고가 있다. 태양에 노출되면 피부의 탄력을 유지해 주는 교원섬유질을 용해시키는 효소(metalloproteinase)의 분비가 증가하는데 태양에 노출안된 쪽과 비교할 때 이 효소가 60%나 증가한다고 한다. 이는 59명의 남녀를 대상으로 둔부에 5~15분 태양광선 노출시와 같은 양의 자외선을 쪼인후 조직검사를 하여 얻어진 연구 결과이다. 이 효소의 증가로 피부의 결체조직은 파괴되고 피부 노화는 촉진되어 결국 피부의 주름살이 늘고 피부가 탄력성을 잃고 가죽처럼 변하게 된다는 것이다.

한편, 여드름 치료제인 retin-A를 피부에 바를 경우 이 효소의 70~80%의 감소를 보였다고 한다. 그러나 이 약은 피부에 발적이나 자극성이 강하여 아무나 사용할 수는 없다고 한다. 따라서 현재로 피부의 조기노화를 방지하는 가장 좋은 방법은 태양의 노출을 피하고 지속적으로 자외선차단 크림을 바르는 방법이라 하겠다.

1 자외선을 알고 피부를 알자!

태양광선은 생명력의 근원이며 자연계를 움직이는 가장 큰 에너지이다. 하지만 만물이 음과 양이 있듯 피부노화, 피부암, 기미, 주근깨, 피부 색소침착 등과 같이 태양광선은 인간에게 해로운 영향을 미치기도 한다.

자외선이란 200~400nm의 파장을 갖는 빛으로 A, B, C 세 종류가 있는데, 이 중 자외선 A(UVA : Ultra Violet Light A)는 320~400nm, 자외선 B(UVB : Ultra Violet Light B)는 290~320nm이고 자외선 C(UVC : Ultra Violet Light C)는 200~290nm이다. 이 중 자외선 C는 지구 위 오존층에서 제거되어 피부에는 직접 영향을 미치지 않고 자외선 A와 자외선 B만이 피부에 영향을 미친다.

자외선 A(UVA)는 일반적으로 자외선 B에 비해 그 양이 10~100배가 더 많고, 파장이 길기 때문에 유리창을 뚫고 들어올 수 있으며 피부층 중 진피 깊숙이까지 침투할 수 있다. 또 자외선에 의해 색소침착이 일어나며 피부 깊숙이 들어가기 때문에 주름을 발생시키는 주범으로 피부를 태우며 화상을 일으키는 원인이 되기도 한다.

자외선 A는 자외선 B만큼 심각한 화상을 입히지는 않지만 파장이 길기 때문에 피부의 진피까지 깊이 침투하여 진피를 손상시키고, 그로 인해 조기 노화와 주름의 원인이 된다.

자외선 B(UVB)는 잘 알려진대로 태양광선에 의한 일광화상을 일으키는 것으로 파장이 짧아 유리창을 뚫지는 못하며 피부층의 표피까지만 도달한다. 하지만 자외선 A(UVA)와 함께 지연형 색소침착을 야기시키고 피부를 태우며 화상을 일으키고 피부암의 원인이 된다.

거의 대부분의 사람들이 미용 상식으로 햇빛이 피부를 손상시킨다는 것에 대해선 어느 정도 인식하면서도, 실제로 햇빛이 어느 정도까지 피부에 나쁜 영향을 미치는지는 잘 모르는 듯 한데, 아마도 햇빛에 의한 피부 손상을 눈으로 직접 느끼고 발견하기까지의 시간이 아주 오래 걸리기 때문인 것으로 알려져 있다.

2 우리가 알고 있는 자외선 차단제란 무엇인가?

자외선 차단제는 흔히 "선스크린(sunscreen)" 또는 "선블럭(sunblock)"이라 불리운다. 자외선을 굴절 시키거나 투과에 대한 물리적 장벽을 만드는 "물리적 차단제"는 단파장과 장파장을 모두 차단시키는 것이다.

자외선 A나 자외선 B를 선택적으로 흡수하는 작용을 하는 것은 "화학적 차단제"라 하고, 현재 시중에 많이 나와 있는 제품들의 대부분이 여기에 속한다. 또한 스키장에서 얼굴에 페인팅을 하는 경우 등이 물리적 차단제라 하겠다.

화장품 위에 적혀진 SPF(Sun protection factor : 자외선 차단지수)는 그 수가 50까지도 보이는데, 이 숫자들이 자외선으로부터 얼마만큼 피부를 보호해 줄 수 있는지 의심이 들지 않을 수 없다고 한다.

SPF는 일종의 자외선 흡수 평가법인데, 1978년 FDA(미국 식품위원회)가 제안한 것으로 SPF는 제품을 사용했을 때 홍반을 일으키는 자외선의 양을 제품을 사용하지 않았을 때 홍반을 일으키는 자외선의 양으로 나눈 값이다.

간단하게 정리하면, SPF는 곧 "자외선 차단 지속시간"으로써 보통 피부인 경우 자외선을 받았을 때 처음 홍반이 발생되기 시작하는데 15~20분이 소요되는데 이를 MED(minimal erythema dose)라고 한다. SPF가 1인 경우 15~20분 정도 자외선을 차단하는 것으로 보면 된다. 예를 들어 최소 홍반 발생시간을 20분으로 볼 때, SPF 20이라면 20×20=400분, 즉 6시간 40분 동안 자외선이 차단된다.

그러나 개인의 햇빛에 대한 감수성, 피부색, 지역, 계절, 날씨, 건강상태, 햇빛의 조건, 햇빛을 받는 부위, 연령에 따라 달라지기 때문에 측정치가 동일하지 않으며 또한 땀이나 물 등에 의해 지워질 수도 있다.

한편, 자외선 차단제 선택시 꼼꼼히 집고 넘어가야 할 부분 중 하나는 자외선 A(UVA)가 차단되는가 확인하는 것과 알레르기 원인 성분이 없나 확인하는 것이다. 자외선 차단제를 바르면 얼굴이 근질거리고 부작용이 나는 경우가 간혹 있는데, 자외선 차단제 성분 중 PABA, cinnamate, benzophenones 등은 알레르기 원인물질이다. 이런 물질은 현재 자외선 차단제에 많이 사용하고 있지는 않지만 피부가 예민한 사람이라면 꼭 확인해 보아야 될 부분이며, 또 방부성분이나 향료가 적게 들어간 것을 고르는 것이 좋다.

3 SPF(Sun Protection Factor), 자외선 차단지수! 좀더 알아봅시다.

SPF, 자외선 차단지수란 자외선 차단제를 발라서 자외선 B(UVB)에 의해 생기는 반응을 감소시킬 수 있는 정도를 나타내는 수치이다. SPF는 자외선 차단제의 지속시간 개념으로도 생각할 수 있는데 SPF1은 15~20 분 정도의 차단력이 있다고 생각하면 된다. 하지만 SPF는 철저히 UVB에 대한 차단 능력을 의미할 뿐 UVB보다 훨씬 더 많은 양이 대기중에 존재하는 UVA에 대한 차단 능력은 전혀 고려되지 않은 것이다. 그러다보니 꽤 높은 SPF지수의 자외선 차단제는 열심히 발랐는데도 일광에 노출된 피부가 검게 타는 경우가 많다. 따라서 애꿎은 자외선 차단제만 바꿀것이 아니라 UVA가 충분히 차단되는지 확인해 보아야 할 문제라고 한다.

4 자외선에 관한 이런저런 이야기들!

(1) 모자를 쓰고 야외활동을 할 경우 구체적인 잇점은?

모자를 쓰지 않았을 때보다 햇볕에 의한 손상을 막을 수 있는 확률이 이마, 6배, 코, 3배, 뺨, 2배에 달한다. 또, 모자를 쓰지 않고 야외활동을 하는 경우 모자를 쓰는 경우에 비해 기저상피 세포암에 걸릴 확률은 100배, 편평상피 세포암에 걸릴 확률은 13배나 된다. 또한 인공 썬탠 기구들도 생체를 파괴시키는 UVC가 나오는 경우가 있어 특히 눈과 피부에 치명적인 위해를 일으킬 수 있다.

(2) 가장 많이 자외선을 받는 부분은 얼굴이다(?)

그렇지 않다. 실제로 1990년 미국에서 Rosenthal 박사들이 발표한 논문결과에 따르면 캠프에 참가 한 어린이들을 대상으로 실험해 보았더니 얼굴보다 팔, 목이 더 자외선에 많이 노출되었다는 실험결과가 있다. 야외활동시 자외선차단은 얼굴뿐 아니라 신체의 다른 부분에도 꼭 해야만 한다.

(3) 흐린 날이나 비가 오는 날에는 자외선이 현저히 줄어든다(?)

태양이 가려진 흐린 날, 많은 여성들이 실수를 반복하고 있다. 구름 낀 날의 자외선 강도는 맑은 날의 50%, 안개 낀 날은 100%이므로 흐린 날 자외선 차단은 필수적이다. 특히 파장이 긴 UVA는 날씨가 흐리던, 실내에 있던 그 강도가 많이 감소되지 않으므로 태양이 완전히 자취를 감출 때까지는 경계태세를 늦추지 말아야 한다고 한다.

(4) 모자와 양산은 자외선을 완전히 차단한다(?)

모자나 양산은 자외선을 완전히 차단하지 못한다. 태양에서 내리쬐는 직사광선만이 자외선의 전부라고 생각하면 안된다. 잔디 또는 평원은 1~2%, 테니스장, 4~5%, 콘크리트, 5~10%, 모래, 15~20%, 수면의 경우 100% 자외선을 반사한다.

(5) 여름은 겨울이나 봄, 가을보다 자외선에 노출되는 양이 많다 혹은 시골이 도시지역보다 자외선 노출량이 많다(?)

그렇지 않다. 1998년 일본에서 노부오 교수 등이 발표한 논문의 내용을 인용해 보더라도 실제로 개인차가 많지만 봄, 가을에 여름보다 더 많은 자외선을 받는 경우가 많다고 한다. 또한 남부지방이나 시골 지역보다도 도시지역의 사람들이 생활습관 등에 따른 더 많은 자외선을 받기도 한다고 한다.

6. 피부노화와 그 예방책은 무엇인가?

1 원인과 증상을 알아보자.

누구나 오랫동안 젊음을 간직하고 싶은 것이 인간의 소망이겠지만, 인간의 노화는 피할 수 없다. 그러나 나이가 든다고 해서 외모가 반드시 보기 싫게 변하는 것은 아니다. 조금만 신경을 쓴다면 나이에 관계없이 젊고 아름다운 피부를 간직할 수 있다.

노화는 복합적인 과정으로 일어나는데 인체의 모든 기관이 일정 비율로 서서히 노화가 진행된다. 피부 노화는 여러 가지 자연 노화 현상이 일상 생활의 외부 환경적인 영향에 따라 진행되는 것으로 피부 노화현상이 나타나는 원인은, 지난 수년 간의 연구 결과 두 가지로 밝혀졌다. 연령노화(Chronological Aging)와 일광(자외선) 노화(Photo Aging)가 바로 그것이다.

대부분의 초기노화는 피부의 건성화 현상으로부터 시작되는데, 이는 수분의 부족으로 인한 탄력성 저하와 주름발생을 들 수 있다. 이는 나이가 들어감에 따라 세포의 재생력이 떨어져 탄력성을 잃게 되고 호르몬과 지나친 광선의 영향으로 파괴된 피부의 결합조직이 늘어져 주름이 생성되는 것이다.

2 노화현상이란 무엇인가?

① 기름샘의 기름(피지) 분비량이 감소되어 피부가 건조해지며, 피부 표면에 비늘 증상이 일어난다.
② 세포 재생이 늦어지고 노화 각질이 많이 쌓여 피부가 거칠어진다.
③ 표피를 지탱해주는 콜라겐의 합성량이 감소되고 엘라스틴(탄력섬유)이 변성되어 주름이 생긴다.
④ 멜라닌 세포수가 감소되어 자외선에 대한 방어력이 떨어짐으로써 피부색이 얼룩지고 기미, 검버섯 등 과색소 침착 증상이 나타난다.
⑤ 피부 표면(표피)이 얇아져 피부 보호 기능이 약화되며 약물이나 자극에 쉽게 반응을 일으킨다.
⑥ 모세혈관의 혈액 순환 기능이 저하되어 알레르기나 자극 반응이 쉽게 사라지지 않는다.
⑦ 땀샘의 기능이 저하되어 땀 분비가 감소되면서 체온 조절이 잘되지 않는다.
⑧ 면역기능이 저하되어 자주 세균에 감염된다.

3 노화예방을 위한 영양소를 충분히 섭취하자!

나이가 많아짐에 따라 신체의 각 기능이 쇠하게 된다. 특히 뼈가 약해지거나 피부의 탄력이 줄어들고 피로가 쉽게 오는 등 체내 신진 대사가 현저히 떨어지게 된다. 이런 현상들을 보완하기 위해선 세포의 생성을 돕는 비타민 A와 노화와 백발을 방지하는 비타민 E, 그리고 신진대사를 활성시키는 각종 무기질이나 활성 효소가 들어 있는 식품의 섭취가 필요하다. 노화를 방지하는 식품군으로는 비타민, 미네랄, 아미노산류 등이 있으며 이의 대표적인 식품군으로는 과일류, 야채류, 곡류, 두류, 배아류, 참깨, 칼슘, 철분이 함유된 식품의 섭취가 좋다.

노화된 피부의 관리는 보습, 보호, 활성화 관리에 중점을 두고 콜라겐, 천연 보습인자, 비타민 A, E가 함유되거나 활성산소를 억제시키는 물질이 함유된 화장품으로 관리한다.

나이가 들어감에 따라 주름이 생기는 것은 피할 수 없다. 그러나 주름이 있다하여 그 사람의 얼굴이 밉게 보이는 것은 아니다. 연륜에 따른 늙음과 주름은 그 사람만의 개성이며 또한 아름다움이 될 수 있다는 사실을 잊어서는 안 된다.

4 노화예방을 위한 생활 습관을 기르자!

노화는 자연스런 현상으로 피할 수는 없지만 생활속의 몇가지 주의로 노화 속도를 늦출 수는 있다. 이를 위해서는 기본적으로 균형있는 영양섭취, 유산소 운동, 그리고 즐거운 마음으로 생활하는 것이 필요하다.

- 짜증이나 흥분은 금물이다. 항상 즐거운 마음으로 생활하는 것이 좋다.
- 적당한 운동으로 맑은 공기와 산소를 섭취한다.
- 술, 담배를 피하고 고지방식을 삼간다.
- 동물성 지방, 새우, 조개 등에 들어 있는 콜레스테롤은 혈관을 좁히고 혈액순환을 방해하므로 주의한다.
- 과로나 그릇된 섭취 등으로 체질이 산성화 되지 않도록 주의한다.
- 식품이 농약이나 중금속 등에 오염되지 않았는지 주의하고 먹기 전에 반드시 깨끗이 씻도록 한다.
- 인스턴트 식품이나 패스트 푸드, 가공식품의 이용을 줄이고 자연식품을 섭취한다.
- 어떤 음식이든지 꼭꼭 오래 씹어 침과 잘 섞어 삼키도록 한다.
- 육류보다는 해조류, 채소류의 섭취를 늘인다.
- 불필요한 간식을 줄이고 하루 3끼 식사를 규칙적으로 먹는다.

5 피부노화 방지를 위한 최선책은 무엇일까?

피부 전문가들은 젊었을 때부터 피부에 관심에 갖고 올바르게 관리한다면 중년 이후에도 아름다운 피부를 간직할 수 있다고 말한다. 이렇게 아름다운 피부를 간직하려는 사람들에게 있어 가장 큰 고민이자 관심거리는 아마도 주름일 것이다.

주름은 일단 한번 생기면 없어지지 않으며, 설사 주름 수술을 한다해도 오래 가지 않아 다시 생긴다는 사실을 생각해볼 때, 주름을 예방한다는 것은 치료보다도 더 중요한 의미를 갖는다고 하겠다. 그러나 다행히도 조금만 피부에 신경을 쓴다면 어느 정도는 주름을 예방할 수 있다.

피부의 주름은 80퍼센트 이상 햇빛(자외선)에 의해 생기는 것으로 밝혀지고 있다. 따라서 나이가 들면서 나타나는 연령(자연) 노화는 피할 수 없다고 하더라도 일광 노화는 얼마든지 예방할 수 있다는 사실을 젊은 시절부터 인식하는 것이 중요하다고 알려져 있다.

그러므로 젊었을 때부터 항상 자외선 차단제(차단수 15정도)를 사용함으로써 햇빛에 의한 노화를 방지할 수 있다는 사실을 주름 치료에 앞서 유념해야 하겠다.

어떤 사람들은 음식을 씹거나 웃으면 근육이 이완되어 주름이 생기고 피부가 늘어진다고 주장하기도 한다. 하지만 주름은 진피 내의 탄력 조직이 변화하면서 나타나는 것이며, 근육과는 전혀 관계가 없기 때문에 이런 주장은 사실과 다르다고 하겠다. 근육 강화 운동을 한다고 해서 주름을 제거하거나 피부의 탄력을 회복시킬 수는 없다.

또한 피부의 근육을 강화시킨다는 이론을 바탕으로 해서 주름을 없애준다는 리프팅(Lifting) 미용기구가 있지만, 주름에는 영향을 줄 수가 없다. 피부란 마사지만 잘해주어도 달라진 느낌을 줄 수 있기 때문에 이런 종류의 미용기구를 사용했을 때 일시적인 변화나 느낌은 받을 수 있을 것이다. 그러나 주름에는 어떤 변화도 줄 수 없다.

화장품 회사에서는 주름에 효과가 있다는 갖가지 피부 노화 방지용 화장품들을 개발하고 있지만, 콜라겐을 포함해서 모든 화장품 성분은 피부 깊숙이 진피까지 침투 될 수 없기 때문에 주름에는 전혀 효과를 줄 수가 없다. 다만 이와 같은 화장품들이 주름 자체를 제거해 주지는 못하지만 노화 피부를 매끄럽고 촉촉하게 해 주어서 노화 방지에 일조를 한다고 할 수는 있을 것이다.

☞ **알아봅시다!**

▷ 여성의 피부노화 예방 5단계

평균수명은 늘어나지만 여성들의 피부노화는 일찍 시작되는데, 이는 환경오염, 스트레스, 공해가 점점 심해지고 자외선 노출빈도가 높아지기 때문이다. 피부가 노화되는 주원인은 자연적인 노화, 자외선, 유해산소(프리래디컬) 등으로 이 요인들만 적절히 막는다면 피부가 일찍 노화되는 것을 막을 수 있다는 주장이 제기됐다.

최근 미국 미시간대학 교수 존 보히 박사와 공동으로 노화예방 화장품인 「록 크르노블록 프리벤션 액티브」를 개발한 록화장품사는 일상생활에서 할 수 있는 피부노화 예방책을 소개했다.

① 자외선 차단제품을 바를 것

피부노화와 기미 등 잡티의 가장 큰 원인은 자외선. 여름이 아니더라도 자외선은 항상 있으므로 피부를 보호하고 젊음을 유지하기 위해선 스킨, 로션을 바르듯 자외선 차단기능이 있는 제품을 바르는 것이 좋다.

② 흡연은 금물

흡연은 세포호흡을 막고 혈관을 조여 순환을 늦춘다. 피부세포로의 영양공급을 차단하고 노폐물 제거까지 방해한다. 또 벤조피렌이란 화학물질이 방출되어 비타민 C를 파괴한다. 흡연은 빨리 늙는 지름길이다.

③ 스트레스를 관리할 것

스트레스를 받으면 보습기능이 약해져 피부가 건조해지고 쉽게 피로를 느낀다. 화나는 일이 있거나 피곤하면 얼굴에 뾰루지가 돋는 것도 이때문. 적절한 운동이나 취미활동으로 스트레스를 풀어버리는 것이 피부는 물론 정신건강을 위해서도 좋다.

④ 규칙적으로 차를 마실 것

녹차, 홍차 등 차를 규칙적으로 마시면 노화속도가 늦춰진다는 연구사례가 많다. 차에는 항산화제가 풍부해 노화를 촉진시키는 유해산소를 막아낸다. 항산화제를 가장 효과적으로 이용하려면 차잎이나 티백을 뜨거운 물에 3분 이상 담갔다 마신다.

⑤ 기능성제품 이용

노화원인을 예방할 수 있는 기능성제품을 이용, 규칙적으로 피부손질을 해주면 피부노화를 지연시키는 데 효과적이다.

7. 피부와 영양균형의 중요성!

피부색이나 형태, 거친 정도 등을 보고 건강상태를 진단할 만큼 피부는 중요한 부분이며, 체내의 영양상태를 많이 반영한다고 볼 수 있다. 건강한 피부는 탄력이 있고 촉촉하며 항상 매끄러움을 유지한다. 그래서 피부는 건강의 척도가 될 수 있는 것이다. 그러므로 감기나 배탈, 피곤함, 정신적으로 과도한 긴장 등 몸의 내부 상태를 개선하지 않고는 아무리 열심히 피부를 손질하여도 피부는 좋아지지 않는다. 아름답고 부드러운 피부는 튼튼하고 건강한 내장의 상태에서 나오는 것이며, 이는 내적인 건강이 바로 피부의 아름다움으로 나타나기 때문이다.

인체내의 신진대사가 활발히 이루어지기 위해서는 충분한 영양이 필요하듯, 깨끗하고 건강한 피부를 유지하기 위해서도 영양, 즉 음식은 참으로 중요하다. 그런데 우리들은 피부에 문제가 생기면 그 원인을 해결하지 않고, 약과 연고에만 의존한다. 올바른 피부치료를 하려면 먼저 신체내의 다른 배설기관들에 문제가 있는지를 관찰하고 피부에 양질의 영양분을 공급하여야 한다. 균형잡힌 영양섭취를 위해서는 편식을 하지 말아야 하며 음식에 대한 정확한 지식과 올바른 식사습관이 매우 중요하다.

편식과 불규칙한 식사 등으로 신체에 영양분이 부족해지면 피부에도 영양결핍이 생겨 피부질환이 자주 발생한다. 피부에 질병이 생기는 것은 피부 자체의 문제이기보다도 내부 배설기관의 장애나 영양결핍이 더 주된 원인이다. 피부의 영양분 부족으로 건선, 여드름, 아토피성 피부염, 알레르기 피부염, 습진, 머리비듬 등이 생긴다. 피부가 거칠어지는 데에는 여러 가지 원인이 있다. 갱년기 여성의 호르몬 분비이상, 변비, 월경이상, 화장품 부작용 등을 들 수 있는데, 이를 막기 위해서는 피부 미용에 좋은 비타민 C를 많이 섭취한다던지 평소에 변비를 예방하는 것이 중요하다. 이외에도 피부를 맑게 해주는 식물성 섬유인 펙틴이나 이눌린 성분의 식품을 섭취하면 체내의 노폐물을 배설하고 피부 트러블을 개선해 주므로 도움이 된다.

싱싱한 과일과 야채류는 특히 피부의 젊음을 유지하는데 좋다. 만약 음식을 통해서 이러한 영양소를 흡수하지 못한다면 비타민제 등으로 따로 보충해줄 필요가 있다.

- 비타민 A : 피부대사에 꼭 필요하고, 부족해지면 각질이 두꺼워지며, 피부가 건조해지고 푸석푸석해 진다. 또한 피부염이 생기거나 여드름도 생기게 된다. 피부의 보습과 시력보호, 피부와 손톱을 치유하는데 좋다.
- 비타민 B_1 : 다른 비타민의 작용이나 당질의 대사에 작용을 한다. 피부대사에는 간접적으로 영향을 준다. 부족하면 각기와 변비가 된다.
- 비타민 B_2 : 미용 비타민이라고 할만큼 중요하다. 또한 맑은 눈을 만들어 준다. 부족하면 피부가 바로 달아오르거나 가려워지면서 살갗이 푸석해진다.

- 비타민 C : 여러 형태로 구할 수 있으며 요즘은 화장품 업계의 사랑을 받고 있다. 비타민 C는 비타민 E의 생명을 연장시켜 주며 피부 면역세포를 보호하여 암을 비롯하여 햇빛과 관련된 질병을 이겨내게 해준다. 기미를 옅어지게 하고 그 밖의 피부트러블을 완화시켜주는 효과도 있는 것으로 판명되었다. 피부색을 희게하거나 젊은 피부를 유지하기 위해 필요하다. 부족하면 피부나 점막에 출혈이 심해지고 색소침착, 각화증, 과민증 등을 일으키기 쉽다.
- 비타민 D : 체내에서 빛(자외선)을 받아 광합성이 되어 흡수될 수 있다. 뼈의 성장에도 도움이 된다. 부족하면 습진이나 피부건조 등이 나타난다.
- 비타민 E : 피부의 비타민으로 알려져 있으며 상처입은 피부조직을 치유한다. 체내 활성화, 호르몬의 생성, 임신 등의 생식기와 밀접한 관계가 있다. 부족하면 피부노화가 촉진되고 건조한 피부와 냉증이 심해지며 피부가 트게 된다.

☞ 깜짝 미용상식!

▷ 팩이 피부에 영양을 공급한다 ?

피부는 절대 흡수기관이 아니다. 피부세포는 혈관을 통해서 영양을 공급받는다. 물론 다소의 흡수기능이 있긴 하겠지만 그것이 세포에까지 공급되지는 않는다. 그런데 왜 팩을 하고 나면 피부가 매끈하고 깨끗하게 느껴지는 것일까? 그 이유는 팩을 해줌으로써 묵은 각질이 제거되어 피부가 청결해지며 각질에 수분이 공급되기도 하기 때문이다. 또한 최근의 화장품 중에는 피부 깊숙히 수분과 비타민을 공급하는 화장품이 나오기도 한다. 하지만 근본적인 영양공급은 음식물에서 얻는 것이다.

8. 임신시의 피부관리는 이렇게…….

임신에 따라 피부색은 짙어지고 70%의 기미가 보이며, 주근깨, 모반, 음부, 젖꼭지 등의 색조가 증가한다. 또한 손바닥의 홍반과 안면의 모세혈관 확장이 보이며 치은에 혈관종이 나타나기도 한다.

아무런 큰 문제없이 10개월의 임신기간을 잘 지내고 건강한 아기를 낳는 것은 임신한 부인이나 미래의 아빠나 누구나 원하는 바램이다. 그러나 임신으로 인하여 생길 수 있는 여러 가지 생리적 변화나 질환 중 특히 피부의 변화는 그렇게 반가운 것만은 아니다. 갑작스런 피부의 팽창으로 배 부위의 피부가 트면서 보기 흉하게 갈라지게 되고 온몸은 가려워지고 얼굴에 여드름이나기미가 생기게 된다. 심지어는 얼굴에 열이 나며 붉게 타오르기도 하고 혈관확장이 되기도 한다. 또한 임신과 관련된 여러 가지 피부질환이 발생하여 임신자체에 커다란 영향을 미치거나 임신을 유지하지 못하게 되는 경우도 있고 다음번 임신에 타격을 주기도 한다.

물론 이와 같은 피부변화는 모든 임산부에게 항상 나타나는 것은 아니다. 임신은 그 차제만으로도 임신한 부인에게 충분한 스트레스를 줄 수 있다. 또한 임신을 유지하기 위해서는 태반이나 난소에서 성호르몬의 분비가 증가하게 된다. 따라서 스트레스 호르몬이나 성호르몬은 여드름이나 기미의 중요한 원인으로 작용하여 임신한 예비 엄마에게 기미나 여드름이라는 새로운 골칫덩어리를 가져다주게 된다. 임신 중에도 아름답고 깨끗한 피부를 유지하기 위해서는 다음과 같은 몇 가지 피부관리 요령을 알고 있으면 도움이 될 수 있다.

우선은 색소침착, 즉 기미나 주근깨 등을 예방하기 위해 직사광선을 피하는 것이 중요하다. 외출 시에는 반드시 일광차단제를 바르도록 한다. 물론 호르몬 영향으로 임신중 기미가 생기지만 이를 악화시키고 촉진시키는 것은 바로 자외선이므로 외출 시에는 특히 신경을 써서 자외선을 피하도록 한다. 자외선 차단제는 여름에만 사용하는 것은 아니다.

다음으로는 목욕을 자주 하는 것은 좋지 않다. 잦은 목욕은 피부를 건조시키며 피부면역기능을 떨어지게 한다. 또한 피부의 가려움증을 유발시킨다. 매일 목욕하는 습관을 간단하게 샤워하는 습관으로 바꾸는 것이 좋다.

특히 복부의 살이 트는 곳에는 하루 1회 정도 마사지를 해주고 영양크림을 바르는 것도 도움이 된다. 부부가 피부를 서로 접촉하는 것은 금실에도 좋으므로 남편이 매일 복부 마사지를 담당하면 더욱 좋다.

생성된 기미에 필링 화장품을 함부로 사용하는 것은 아주 좋지 않다. 피부관리를 한다며 과다하게 각질을 벗기는 팩이나 화장품을 사용하면 오히려 자극성 피부염을 유발할 수 있다. 또한 화장품을 바꾸면 알레르기성 접촉성 피부염이 발생할 수도 있다.

임신중에 생기는 여러 가지 피부변화는 대개가 일시적, 한시적 현상이므로 너무 걱정할 필요는 없다. 대부분 출산후 6개월 정도면 자연스럽게 없어지게 된다. 6개월 이상 지속되거나 임신 중 너무 심한 경우는 피부과 전문의에게 도움을 청하면 대개는 아무 문제가 없다

임신시에 잘 생기는 가려움증도 임신부들이 흔히 겪는 피부 질환 가운데 하나로 임신부의 20% 정도가 겪는 임신성 소양증은 몸에 발진은 없고 가렵기만 한 것이 특징인데, 단순히 피부가 건조해져 가려운 경우에는 로션이나 오일 같은 보습제를 바르면 효과가 있다. 그러나 임신중 소양증은 자궁이 커지면서 간을 압박해 담즙관이 눌려 담즙이 제대로 배출되지 않아서 생기는 것으로 특별한 치료 방법은 없고 아기를 낳으면 저절로 없어진다. 임신중에 생기는 가려움증은 몸을 깨끗이 하고, 옷을 두껍게 입지 말고 기름진 음식을 멀리하면 한결 덜하다.

임신을 하면 땀샘이나 피지선 기능이 좋아져 땀을 많이 흘리게 되고 분비물도 늘어난다. 땀을 많이 흘리면 몸에서 냄새가 나거나 곰팡이 질환이 생길 수도 있는데, 탈취제를 쓰는 것보다는 샤워를 자주 해서 몸을 청결히 유지하되 면으로 된 속옷을 입는 게 좋다.

임신 중에 피부 트러블이 생기면 불편하기도 하거니와 무엇보다 기분이 침체되기 쉽다. 그러나 이런 트러블은 병적인 것이 아니어서 출산을 하게 되면 대부분 저절로 사라진다. 또한 임신선과 같은 임신부라면 누구나 겪어야 하는 불가피한 것도 있으나 예측가능한 피부 트러블은 예방할 수도 있다.

제 4 장 건강한 모발

1. 모발의 구조와 기능

모발은 단백질이 주성분으로 매우 복잡하고 고도의 체계로 이루어진 각질 섬유질의 구성물로서, 크게 피부 내에 있는 모근(Hair root)과 피부 밖으로 나와 있는 모간(Hair shaft)으로 나뉘어진다.

모발은 모표피(Cuticle), 모피질(Cortex), 모수질(Medulla)의 3개 층으로 구성되어 있으며, 이들은 형태와 강도, 색깔 등을 형성하는데 중요한 역할을 한다.

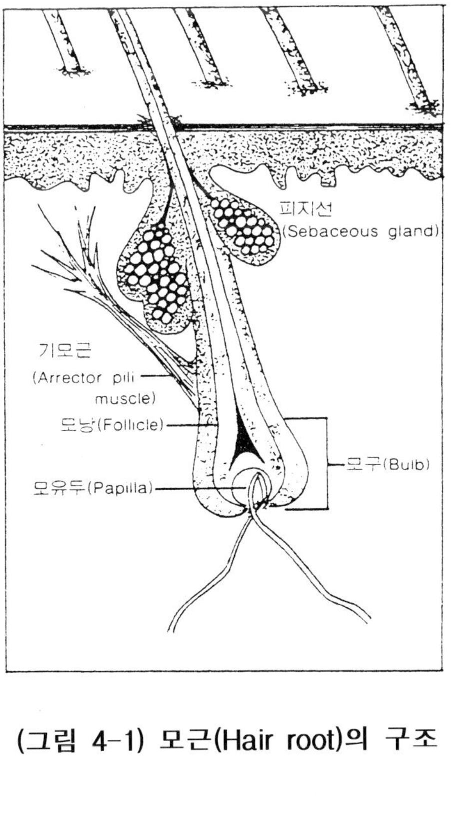

(그림 4-1) 모근(Hair root)의 구조

1 모표피(Cuticle)

모발의 맨 바깥층은 케라틴이라는 단백질로 이루어져 있다. 비늘이나 기와 모양의 각질 세포로 되어 있으며 외부 자극으로부터 피질을 보호하고 수분증발을 억제한다. 일반적으로 모발이 손상되었다고 하면 이 표피층(cuticle)이 손상된 것을 말하는데, 표피층의 반투명의 세포막은 빛을 통과시키므로 모발이 상했거나 갈라졌을 경우 빛을 불규칙적으로 통과시키고 반사되므로 거친 느낌을 준다.

표피층의 세포를 살펴보면 3개의 층으로 보이며 다음과 같이 구성되어 있다.

(1) 에피 큐티클(epicuticle)

가장 바깥층이며 두께 10μm 정도의 얇은 막으로 수증기는 통하지만 물은 통과하지 못한다. 다당류와 단백질이 견고하게 결합되어 있는 층으로 산소와 화학약품에 대한 저항이 가장 강한 층이며 알카리에 강하고 친유성이다.

(2) 엑소 큐티클(exocuticle)

연한 케라틴질의 층으로 시스틴이 많이 포함되어 있고, 퍼머넨트 웨이브와 같은 시스틴 결합을 절단하는 약품의 작용을 받기 쉬운 층이다.

(3) 엔도 큐티클(endocuticle)

가장 안쪽에 있는 층으로 시스틴 함유량이 적기 때문에 케라틴 침식성 약품에 대한 저항력이 강하며, 이 층의 내측면은 양면접착 테이프와 같은 층(세포막 복합체)으로 인접한 모표피를 밀착시키고 있다. 친수성이며 알카리에 약하다.

2 피질(Cortex)

피질은 모발의 75~90%를 차지하며 모발의 성질을 좌우하는 제일 중요한 부분이다. 표피층과는 달리 부드러운 단백질(protein fiber)인 케라틴(keratin)으로 구성되어 있다. 이 단백질 사슬들은 서로 휘감아 원섬유가 되며 이 섬유들은 서로 꼬여서 마이크로 섬유가 된다. 마이크로 섬유는 동일한 과정을 거쳐 매크로 섬유가 되는데, 이 매크로 섬유도 나선형으로 결합된다. 이 과정이 완결되면 모발의 피질이 형성되며 이 케라틴 체인은 모발을 팽팽하게 잡아 늘릴 때, 스프링처럼 끊어지지 않고 늘어나는 성질을 갖게 한다. 특히, 모발이 젖어 있을 때 잡아당길 경우 마른 모발보다 더 약해져 손상이 발생할 수 있다.

피질에는 모발의 응집력과 모발 색상을 결정하는 멜라닌 색소가 들어 있다. 이 멜라닌 색소의 양과 종류에 의해 머리카락의 색상이 결정되는데, 무수히 많은 자연 머리색상은 멜라닌 색소의 양, 섞인 정도, 모양 그리고 분배에 달려 있다.

3 수질(Medulla)

모발의 중심 부분이며 속이 비어 있는 동공으로 되어 있고 그 안에 공기를 함유하고 있다. 실제적인 기능적 중요성을 갖고 있지 않다고 단정하기도 하는데 아직 정확하게 알려지지 않고 있다.

대다수 동물에는 이 수질이 털의 2/3를 차지하는데, 이 빈세포는 전열체의 작용을 한다. 이 기능은 사람에게는 아무 쓸모가 없어서 사라져 가며 태아와 유아의 모발 같이 부드럽고 가는 모발에서만 찾아볼 수가 없다.

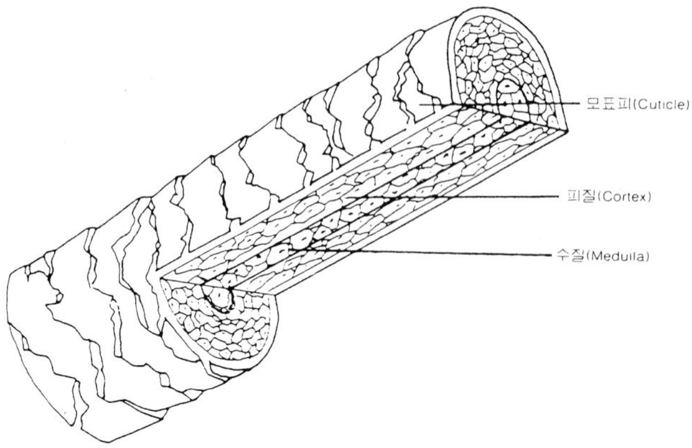

(그림 4-2) 모발의 단면도

2. 모발의 성장 속도와 모주기란 무엇인가?

모발은 보통 1개월에 1cm정도씩 쉬지않고 자라지만 어느 길이만큼 자라면 수명이 다하여 자연적으로 빠지고 새로운 털로 교체된다. 모발의 성장 속도는 하루 약 0.2~0.5mm이며, 이 성장 속도는 신체의 부위, 연령, 건강 상태에 따라 차이가 있으나 남녀 모두 20대가 가장 활발하다.

모발은 일생 동안 계속 성장하는 것이 아니라 일정한 수명이 있는데 이를 모주기(hair cycle)라 한다. 따라서 성장, 탈모, 신생을 자연스럽게 반복하게 되는데, 모발이 계속해서 성장하여 자라는 시기를 성장기와 활동기라고 하며, 이 시기를 지나 차츰 성장이 느려지는 시기를 퇴행기, 퇴화기라 하고, 마지막으로 모발이 전혀 자라지 않고 휴식을 취하는 시기를 휴지기라 하는데 이때 모발은 자연스럽게 빠지게 된다.

이 모모세포가 힘차게 분열증식을 하고 있는 활동기는 사람에 따라 또는 연령, 건강 상태에 따라 다른데 대체로 남성의 경우는 3~5년, 여성의 경우는 4~6년이며, 퇴화기는 약1~1.5개월 정도이고, 휴지기는 약 4~5개월이다. 즉 모발은 휴지기가 되어도 즉시 빠지는 것이 아니고 어느 정도 두피 내에 남아 있게 된다. 휴지기가 되면 모유두는 위축되고 모낭은 점차 쪼글어 들며 모근은 위쪽으로 밀려 올려져서 마침내 빠져 버린다. 그리고 조금 지나면 아래쪽에서 다시 모유두가 활동을 시작하여 새로운 모발의 세포가 만들어지기 시작하여 다음 모발이 태어날 준비를 한다.

이것이 한 가닥 모발의 수명이고 이와 같은 반복을 우리들의 모발은 일생 동안 몇 번이고 반복하는 것이다. 따라서 이 활동기에서 휴지기, 다시 새로운 활동기가 시작되는 기간을 "모주기"라고 부르며, 나이가 들면 노화 현상에 의해 이 활동기가 점차 짧아져 간다. 그리고 평균적인 하루의 자연 탈모 수도 많아져 하루에 약 55 가닥이던 것이 200 가닥을 넘게 된다.

그러나 이런 탈모는 결코 병적인 것이 아니다. 흔히 대머리의 초기 단계에 대머리가 되려고 머리숱이 거의 없는 사람을 보면 모발이 전혀 없는 것이 아니고 모든 모공에서 짧은 모발은 나 있다. 단지 가늘고 짧기 때문에 대머리가 된 것으로 보이는 것이고, 이 단계를 지나면 마지막에는 완전히 모발이 없는 반들반들한 대머리로 되는 것이다. 이 같은 모발이 활동을 하고 있는 활동기를 늘리도록 손질을 하면 탈모를 지연할 수 있다. 활동기는 음식물, 호르몬, 비타민, 물리적인 브러싱 등으로 혈액순환을 좋게 하면 연장될 수도 있다.

3. 모발의 발생은 어떻게 이루어질까?

모발의 발생은 최초로 모낭이 만들어졌을 때부터 시작되고, 이 모낭을 구성하는 세포는 피부 표피로부터 유래된 것이다. 사람의 표피는 태생 초기(6~7주)에는 1층의 세포가 배열되어 있는데 불과하나 태아의 개월 수가 진행됨에 따라 표피는 3층이 되어 안쪽부터 배아층, 중간층 및 주피로 구성된다. 배아층은 성숙된 표피의 기저층에, 중간층은 멀피기층에 각각 해당되고, 주피는 양막의 일부로 여겨지며 발육과 함께 탈락된다.

태아가 12~14주 경이 되면 중간층은 3~4층이 되어 더욱 두꺼워 진다. 사람의 모낭 형성의 최초의 징후는 표피의 배아층, 즉 기저층의 원주상의 세포핵 집합인데, 이것이 모낭의 최초 출발점이다. 모낭 형성에서 발견되는 것과 같은 형태를 모아라고 부르고 모아의 형성 개시 단계를 전모아기라고 한다. 이 단계에서는 표피가 일반적으로 배아층의 세포와 주피의 2층으로 되어 있는 경우가 많은데, 중간층의 세포가 이미 분화되어 있는 경우도 있다.

전 모아기는 급속하게 모아기로 이행되고 배아층 세포는 진피 속으로 침입해 간다. 이 단계가 진짜 모아기이고, 이 경우 발달된 중간층 세포는 바깥을 둘러싸고 있는 배아층 세포 속으로 진입하여 모아의 중심부를 형성해 간다. 또한 모아는 맨 끝 부근에 있는 간엽성세포 집단(장래의 모유두)에 끌려오듯이 진피내에 침입하여 마치 피부 속에 1개의 기둥이 박혀 있는 듯한 형태가 된다. 이와 같은 단계를 모항기라고 부른다.

모아가 진피 속을 침입해 들어갈 때 표피면과 모아의 기둥은 일정한 각도를 이루고 있다. 예각쪽을 전면, 둔각쪽은 후면으로서, 후면에선 피지선이 자리하고 있다.

모항기가 지나면 기둥의 끝은 약간 둥글어지고 그 중앙부에서 요철이 발견된다. 이 요철 속에 함께 하강한 간엽성세포 집단이 최초의 모유두가 된다. 이와 같은 모낭 중심부에는 모추라고 불리는 것이 있어서 내부에 털을 심게 된다. 동시에 모낭 기둥 후면에는 독립된 2개의 세포집단이 모낭의 상부와 하부로 부풀어 있다. 상부는 피지선의 근원이고 하부는 특히 팽륭부라고 불리는데 -나중에 퇴화되어 버리고 말지만-장래 입모근이 부착하는 장소가 된다. 이와 같은 모낭의 끝이 둥글게 된 것을 모구라고 부르며, 이 단계의 모낭을 모구성 모항기라고 부른다.

이와 같이 발달된 모낭은 모발 조직으로서 각 부분으로 분화되어 간다. 즉, 모모기와 유두로 이루어진 모구, 모구의 상단부에서부터 팽륭부에 이르는 모낭 하단부, 팽륭부와 피지선의 원천 사이의 좁은 부분, 피지선 원기와 표피 사이의 누두부로 나뉘어진다.

그 밖에 모발이 피부표면으로 통하게 하는 모관도 발달했는데, 그 모관은 모추와 그 속에서 발달한 모발이 표피에까지 도달하기 이전에 이미 표피 내에서 완성된다고 한다.

모발은 모구의 모모기 중앙부근의 세포가 각화현상을 일으킬 때 비로소 만들어지는데, 서서히 성장, 발달되어 한 가닥의 모발이 된다. 모발의 주위는 내모근초와 외모근초 등의 근초가 둘러싸고 있다. 일반적으로 모발의 발생은 눈썹 부분이 가장 빨라서 9~12주이다. 이것보다 약간 늦게 두모와 그 밖의 부위에 모아가 발생한다.

4. 인체에서 모발이 하는 역할은?

모발의 역할은 크게 2가지로, 신체 보호 기능과 장식의 기능을 들 수 있다.

첫째, 신체 보호 기능면에서 모발은 외부로부터 어떤 충격을 받을 때 쿠션 역할을 해 왔으며 직사일광과 더위, 추위로부터 두부를 보호해 왔고, 눈썹, 속눈썹, 콧털, 귀털 등 털이 생성해 있는 부위에 따라서는 땀, 먼지, 벌레의 침입을 막는 등 본래의 기능을 다하고 있다. 또한 신체에 필요하지 않은 수은, 비소, 아연 등의 중금속을 흡수하여 체외로 배출하는 기능도 가지고 있다.

둘째, 모발은 장식면에서 남성, 여성의 특징을 나타내는 중요한 역할을 가지고 있다. 같은 사람이라도 헤어스타일과 칼라를 표현하는 것만으로도 다른 인상을 줄 수 있다. 고대 이집트 시대에도 모발은 미의 상징으로서 hair coloring이 존재하고 있었다.

이와 같이 모발은 두부의 보호뿐만 아니라 장식적인 면으로써의 역할도 중요하며, 또한 그 외의 역할로서 촉각전달과 2차 성징의 기능을 들 수 있다.

5. 모발은 살아 있는가? 죽어 있는가?

모발은 신경을 갖고 있지 않기 때문에 자라나는 것을 잘라도 통증을 느끼지 않는다. 그렇다면 모발은 살아 있는 것인가 죽어 있는 것인가?

한마디로 답하기 어려운 문제이다. 물론 질문의 모발이라고 하는 것은 사람에게 나 있는 털을 의미하는 것으로, 살아 있는 신체에 나 있고 시시각각으로 자라고 있는 것이므로 살아 있다고 하면 그렇게 말할 수도 있고, 혈관과 신경도 통하지 않는 것을 생각하면 죽었다고 말할 수도 있다.

일반적으로 살아 있다는 것은 세포가 외부로부터 영양을 흡수하여 신진대사를 하거나, 분열·증식하는 것이라고 정의하는데, 모발 속에는 영양을 보급하는 혈관도 없고 피질 세포 자체가 자라거나 분열, 증식하는 일도 없으며, 피부와 같이 자연 치유력도 없으므로 죽었다고도 말할 수 있을 것이다.

그러면 모근은 살아 있는 것일까? 이것도 역시 죽어 있다. 모근은 털의 뿌리라는 의미이지만 풀이나 나무의 뿌리와는 근본적으로 다르다. 풀이나 나무의 뿌리는 땅속에서 수분이나 영양을 흡수하여 그것을 식물 전체에 공급하여 각 부분의 세포가 그 영양에 의하여 분열 증식하여 성장한다. 하지만 모발은 아는 바와 같이 모근 채 잡아 뽑더라도 다시 시간이 지나면 그곳에서 같은 모발이 자라 나온다. 이것은 모발을 만드는 곳이 우리들이 뿌리라고 부르는 부분보다 그 아래에 있다고 하는 것을 의미하는 것이다. 즉, 모발이 자란다는 것은 뿌리 아래 부분에서 모발을 형성하는 새로운 세포가 만들어지고 이것이 점차적으로 밀어 올려(각화) 피부 밖으로 나오게 되는 것이다.

이 모발의 세포를 만들어 내는 장소는 모낭 바로 밑에 조금 돌출 되어 있는 모유두로 이곳에는 모세혈관이 흐르고 있다. 이 모유두라고 하는 조직에는 모모세포라고 하는 세포가 있는데 이것이 모발을 형성할 수 있도록 하는 주세포이다. 이 세포가 활동하고 있는 한 혈관으로부터 영양을 흡수하며 분열증식하여 모발로 형성된다. 즉, 모발의 수명이라고 하는 것은 이 조직이 활동하고 있는 기간을 말하고, 이것은 사람에 따라 조금의 차이는 있지만 일반적으로 3년에서 6년 정도이다. 그러므로 모발에서 살아 있는 부분은 이 조직뿐이다.

따라서 만일 신체의 조건으로 모발의 상태가 변하여진다고 하면 이 모모세포가 분열을 일으키는 시점에서부터 변하여지는 것이고, 그 이전에 생긴 세포에는 영향이 없다. 그렇다고 하면 실제로 피부 바깥에 나와 있는 모발에 변화가 일어나는 것은 한참 지난 다음의 일로서 하루, 이틀 사이에 곧 모발에 나타난다고 하는 것은 생각할 수 없고, 이 같은 점이 살아 있는 피부와는 다른 것이다. 그러나 계속해서 긴 병을 앓고 있다던가, 임신 등의 상태에서 모발이 변하게 되는 것은 있을 수 있는 일로, 이런 점에서 생각하면 모발이 살아 있다고 하는 표현을 할 수도 있을 것이다.

6. 여자의 생리와 모발은 어떤 관계가 있나요?

앞에서 말한 바와 같이 모발이 죽어 있는 것이라고 하면 여자의 생리일에 머리를 씻어도 잘 씻기지 않는다던가 파마가 되기 힘들다고 하는 따위는 거짓인가? 이 문제는 조금 각도를 달리하여 생각하여야 한다.

모낭에서 만들어진 피지선은 모공을 통하여 피지가 분비되고 또 두피에는 한선에서 땀이 분비되고 있다. 이 땀과 피지가 혼합되어 피부에는 피지막을 형성하는데 이런 피부로부터의 분비물은 신체의 컨디션에 따라, 특히 내분비라든가 자율신경의 영향에 따라 많은 변화를 보인다.

또 모발은 피부 속에서 무엇인가 빨아올리는 힘이라는 것은 없으나, 두피에서 분비된 것을 흡수하여 조금씩 모발 끝쪽으로 침투하여 가는데, 브러싱을 하면 한층 더 잘 퍼져 나간다. 이런 사실로 모발은 신체의 상태에 따라서 변한다고 생각할 수 있다. 윤기가 없는 퍼석퍼석한 모발을 한 여성은 내분비상태가 좋지 않기 때문이라고 생각 할 수 있다.

그리고 여성은 생리전이 되면 황체호르몬이라고 하는 호르몬의 분비가 증가하는데 배란전에는 소위 여성호르몬이라고 하는 난포호르몬이 증가하고 배란후에는 난포호르몬이 줄어들고 황체호르몬이 늘어난다. 이 황체호르몬이라고 하는 것은 본래 배란된 난자가 수정되었을 때 자궁의 내벽에 착상하기 쉽게 하기 위하여 자궁내막을 두텁고 부드럽게 하는 작용을 하는데 남성호르몬과 비슷한 구조를 가지고 있으며 피지분비를 촉진하는 작용이 있다.

피지분비를 억제하는 작용이 있는 난포호르몬이 줄고 이것을 촉진하는 작용이 있는 황체호르몬이 증가하므로 생리전에는 일시적으로 지성으로 되는 것은 당연하고 이 때문에 생리전에 여드름이 나는 사람도 있다. 이런 변화가 극단으로 나타나는 사람과 그렇지 않은 사람이 있는데 심한 사람은 두피가 지성으로 되고, 따라서 모발도 보통 때보다 많은 피지가 침투되어 씻어 버리기 어렵게 되거나 파마가 잘 되지 않는 것이다. 그리고 생리 중에는 내분비의 밸런스가 무너져 피부 쪽은 보통 때보다 약간 민감하게 되고 콜드액에 의하여 부작용이 나기 쉬운 것도 바로 이 시기이다. 그래서 이러한 이유로 가능하면 파마를 하지 않는 것이 좋다.

7. 모발의 pH는?

pH(Power of Hydrogen Ions)라고 하는 것은 산성, 알카리성의 강도를 표시하는 수치이다. 그러나 이 산성, 알카리성이라고 하는 것은 수분이 있으므로 해서 이야기되는 것으로 기름이나 알콜 혹은 기타의 액체나 고체에 대하여서는 그 pH라고 하는 것은 의미가 없는 것이다.

따라서 모발의 pH라 함은 그 모발 중에 함유되어 있는 수분의 pH를 말하는 것이다. 그리고 모발은 수분을 흡수하기 쉬운 물질로, 완전히 수분이 제거되어 있는 마른 모발이라고 하는 것은 특수한 경우를 제외하고는 있을 수 없다. 그러므로 모발의 pH는 그 함유된 수분 중에 녹아 있는 물질에 의하여 달라지는 것으로서 pH가 6일 경우도 있고 8일 경우도 있다.

그러나 모발의 성분은 거의 90%가 케라틴이라고 하는 단백질로 구성되어 있는데 이 단백질은 물에 녹는 경우도 있어 이때에는 서로 다른 특유의 pH를 나타내기도 하는데 케라틴 단백질은 물에 녹지 않는다. 그러나 수분의 알카리성이 강하여지면 케라틴은 연화되며, 그 정도가 더욱더 강하게 되면 케라틴은 녹아 버리게 된다.

이와는 반대로 산성으로 될 경우 대부분의 단백질이 응고하여 딱딱하게 수축된다. 이 때 그 정도가 더욱더 산성으로 강하게 되면 케라틴은 분해되어 이것 또한 녹아버리게 된다. 따라서 모발을 가장 건강한 상태로 두기 위하여서는 어떤 pH 정도의 상태로 하여야 좋을까 라고 하는 것이 문제로 되지만 케라틴이라고 하는 단백질의 구조상 가장 안정되고 강한 상태는 pH4.5~6이라는 약산성의 상태이다.

염색이나, 콜드액(알카리성)으로 처리한 뒤라든가, 알카리성 샴푸로 씻은 뒤에 산성 린스를 하는 것도 모발을 가장 튼튼하고 안정된 pH로 돌려놓기 위하여 하는 것으로서 산성 린스가 너무 강할 경우 모발이 까실까실해 지는데 이는 pH가 너무 떨어져 단백질이 응고된 현상이다.

따라서 모발을 건강하고 튼튼한 상태로 관리하기 위하여서는 약산성의 pH(pH 4.5~6)로 되게끔 하여야 한다.

8. 건강한 모발과 두피를 위한 손질법

1 브러싱

브러싱은 윤기있고 아름다운 모발 손질의 기본으로 샴푸전이나 평소에 자주 해 주는 것이 좋다.

(1) 브러싱 효과

브러싱은 모발에 묻어 있는 더러움이나 먼지를 깨끗이 제거하여 탄력있고 부드럽게 하며 모근을 자극하여 모발의 발육을 촉진하고 아름다운 머리결을 만든다.

보통 모발의 경우 1회에 50~60회 정도 실시하는데 젖은 모발을 너무 강하게 자극하거나 끝이 자극적인 브러시를 사용하면 두피에 손상을 주므로 부드럽고 모끝이 둥근 것을 선택하는 것이 좋다.

(2) 바른 브러싱법

늘어뜨린 머리결에 따라서 전체적으로 위에서 아래로 빗은 후 관자놀이에서 귀 뒤쪽으로 빗어간 다음, 고개를 숙여 모근에서부터 모발 끝까지 천천히 브러싱한다.

건성이나 약한 모발은 트리트먼트 로션이나 헤어크림을 바르고 브러싱하면 모발 손상방지에 효과적이다.

2 샴푸 & 린스 & 트리트먼트

더러워진 모발을 그대로 두면 아름다움을 잃게 될 뿐만 아니라 빠지거나 비듬이 생기고 버석버석해지므로 더러움 제거가 일차적 문제이다. 여기서는 올바른 샴푸와 린스 요령을 알아본다.

(1) 샴푸

샴푸하기 전 먼저 충분히 브러싱을 한다. 이 때 젖은 상태의 모발을 헝클어진 채로 브러싱을 하게 되면 더욱 손상을 입게 되므로 주의한다. 충분한 거품을 낸 후 손가락 끝을 작게 회전시켜 머리 정상을 향해 마사지하듯 문시른나. 손톱을 세워 강하게 문지르면 두피 트러블의 원인이 되므로 주의한다.

얼굴 경계를 지그재그로 선을 그리며 좌우 왕복 마사지를 하고 더러움이 심하면 두 번 씻어 낸다. 샴푸제가 완전히 없어지도록 충분히 헹군다. 샴푸제가 남으면 비듬이 생기거나 가려울 수 있다

(2) 린스

린스는 모발이 적당량의 수분을 유지하도록 보호막을 형성하여 정전기 발생을 방지한다. 린스의 영양물질이 모발 표면을 감싸주므로 윤기와 부드러움을 준다. 린스는 샴푸 후 충분히 헹군 다음 사용한다. 모발 전체에 골고루 펴 바른 후 마사지하듯이 문지르고 브러시를 이용하여 빗어 준다.

린스는 너무 많은 양을 사용하면 모발에 부담이 되므로 적당한 양을 사용한다. 만약 두피에 상처가 있거나 피부 트러블이 있을 때는 사용을 피하는 것이 좋다.

(3) 트리트먼트

모발이 아름다운 사람은 매력적이다. 윤기 있는 머리결로 한 올 한올 살아나게 하는 트리트먼트를 실시해 보도록 한다.

① 린스와 트리트먼트의 차이점

린스나 트리트먼트 둘 다 샴푸 후의 손질법으로 사용한다. 린스는 모발 표면을 감싸 정전기를 억제하고 드라이어 열로부터 모발을 보호하는 역할을 하고 트리트먼트는 모발표면을 코팅하면서 영양성분이 모발 안에 스며들어 부족하기 쉬운 영양을 공급, 큐티클을 보호한다. 따라서 두가지를 모두 사용할 때는 트리트먼트를 먼저하고 린스를 하는 것이 순서다. 이때 양을 너무 많이 하면 모발에 부담을 주므로 주의한다.

② 트리트먼트 요령

손바닥에 적당한 양의 트리트먼트제를 취해 머리 끝 부분을 향해 훑듯이 바르거나 헹굼이 필요없는 스프레이식 트리트먼트 로션이라면 골고루 뿌려준다.

트리트먼트제를 골고루 바르고 나면 나선형을 그리듯이 부드럽게 마사지를 한다. 뜨거운 스팀 타올로 싸고 10~20분간 두면 트리트먼트제가 모발과 두피에 고루 스며든다.

샴푸 전에는 일단 모발을 따뜻한 물로 적신 후 트리트먼트를 하고 샴푸, 린스를 한다. 샴푸 후에는 깨끗이 헹구고 물기를 닦은 다음 트리트먼트를 한다.

트리트먼트제는 모발의 상태에 따라 선택하는데, 끈적거림이 싫거나 지성 모발인 경우 트리트먼트제를 모발 속에는 바르지 말고 머리카락 끝부분에만 바른다. 모발이 상하는 것이 걱정되거나 건조 모발은 두피와 모발에 트리트먼트제를 골고루 바르고 가볍게 마시지해 잘 흡수되도록 한다.

③ 두피 마사지

트리트먼트 도중에 두피 마사지를 해주면 모발 건강에 매우 효과적일 뿐 아니라 모근까지 상쾌해진다. 두피 마사지는 두피를 자극하여 신진대사를 높이고 피지 분비를 촉진시켜 한층 탄력있는 건강한 머리결로 가꾸어 주며 맑은 기분을 느끼게 한다.

두피 마사지의 기본 테크닉은 주무르기, 누르기, 문지르기, 두드리기 등의 4가지 방법이 있다.

목욕시간을 활용하면 트리트먼트의 효과가 더욱 커진다. 목욕하는 동안 욕실에 가득찬 증기와 열로 큐티클이 열려 트리트먼트제가 모발에 흡수되기 쉬워지기 때문이다.

9. 모발손상의 원인은 무엇인가?

[1] 영양이 부족하다.

모근의 상태가 좋지 않거나 머리카락 생성이 제대로 안되는 경우이다. 원활한 혈액순환은 풍부한 영양을 모근을 통해 머리에 공급하여 준다. 따라서 불규칙한 식사, 심한 다이어트나 흡연은 모근으로 가는 혈액의 양을 줄이기 때문에 피하는 것이 좋다. 영양의 균형이 잡힌 식사, 규칙적인 생활과 적당한 운동, 두피 마사지로 충분한 영양이 공급되도록 해야 하겠다.

[2] 두피가 손상되었다.

알레르기성 피부염이나, 심한 비듬, 또는 손톱이나 블러싱으로 받은 상처를 계속 방치하면 모근이 제 역할을 못하게 된다. 심한 경우에는 의사에게 진찰을 받는 것이 좋다.

[3] 화학처리

과도한 브리치, 염색이나 퍼머는 모발을 쉽게 상하게 한다.

[4] 환경적 요인

태양광선(적외선, 자외선)에 과도하게 노출되거나, 너무 건조한 상태로 방치되거나, 바닷물이나 수영장 물에 많이 접하게 되면 모발이 상하게 된다.

[5] 일상적인 손질에 의한 물리적 요인

브러싱, 샴푸, 타월드라이, 아이롱, 드라이, 헤어 스프레이처럼 항상 손질하는 방법도 잘못하면 모발이 상하는 원인으로 작용할 수 있다.

10. 손상모발 회복을 위한 대책은?

규칙적인 식사와 적당한 운동, 그리고 적당한 휴식이 가장 중요하다. 트리트먼트와 두피마사지, 혈액순환을 도와주는 목욕도 효과가 좋다. 하지만, 술이나 커피, 담배는 혈액순환을 저하시키기 때문에 조심해야 한다.

[1] 트리트먼트

트리트먼트는 상한 머리카락에 필요한 성분을 보충하고, 머리카락을 상하지 않도록 보호하는 역할을 한다. 머리카락의 손상이 심할 때는 매일, 또는 이틀에 한번 정도가 좋고, 건강한 머리카락일 경우에는 1주일에 한번, 또는 린스만으로도 충분하다.

트리트먼트의 방법은 피지가 부족한 머리카락의 끝에 중점을 두어야 하고, 지성 피부나 머리카락에 힘이 없는 경우에는 두피에는 트리트먼트제가 닿지 않도록 조심해야 한다. 지성 피부의 경우에는 머리끝만 바르고 40도씨 정도의 물에 충분히 헹구어 준다. 머리카락이 심하게 건조하여 손상의 정도가 심한 경우에는 두피 쪽에도 트리트먼트를 하고, 가볍게 마사지를 하여 두피에 잘 스며들도록 한 후 미지근한 물에 헹구어 준다.

그러나 트리트먼트도 너무 지나치게 사용하면 오히려 모발 손상의 원인이 될 수 있으므로 머리카락의 성질이나 상태에 따라 적당량을 사용해야 한다.

[2] 두피마사지

머리에 광택과 탄력, 생기를 주기 위해서는 두피마사지를 빼놓을 수 없다. 두피 손질에 가장 중요한 점은 두피에 가벼운 자극을 주고, 혈액순환을 촉진하는 것, 그리고 균형잡힌 영양섭취와 안정된 정신상태이다. 이 중에 두피마사지는 간단하면서도 우수한 효과를 볼 수 있는 것인데, 손가락을 이용하여 하루에 2회, 틈이 날 때마다 목욕시간 등을 이용하여 마사지를 하면 된다. 그리고 여기에 에센스를 함께 이용하면 효과를 더욱 높일 수 있다.

☞ **잠깐! 알아둡시다.**

린스? 트리트먼트? 컨디셔너?

① **린스** : 샴푸 후 머릿결을 부드럽게 하는 것. 표면에 발랐다가 금방 헹구어 낸다.

② **트리트먼트** : 모발의 안쪽에 작용하는 것으로 샴푸 전에 쓰는 것과 샴푸 후에 쓰는 것 두 종류가 있다. 트리트먼트를 바른 후 10~15분 정도 그대로 두어야 효과를 볼 수 있고, 침투효과를 높이기 위해 스팀타월을 쓰기도 한다.

③ **컨디셔너** : 린스와 트리트먼트의 두 가지의 중간 효과. 모발을 부드럽게 하고, 손상된 머리카락을 보호한다.

(1) 두피 마사지 기본 공식

① 비벼 문지르기

두정부부터 시작하여 두피 전체를 흔들어 움직이는 요령으로 문지른다. 자극이 가지 않도록 손가락 안쪽으로 마사지한다.

② 가볍게 패팅

두정부를 손가락 끝으로 가볍게 패팅한다.

③ 꼬집듯이 패팅

시원함이 느껴지도록 손가락에 탄력을 주는 것이 중요하다. 강한 자극이 혈액순환을 촉진하여 피로를 없애 준다.

④ 지압점 누르기

엄지손가락으로 목 뒷쪽을, 인지와 중지로 머리 위쪽의 지압점을 누른다. 지압점을 2~3초 동안 눌렀다가 잠깐 쉬고 다시 누르기를 반복한다.

(2) 에센스로 영양 공급

두피 에센스는 모근을 튼튼하게 하고, 머리카락의 성장을 원활하게 한다. 머리가 많이 상했거나, 두피에 영양이 부족할 때 사용하고 지성보다는 건성피부에 더 적합하다.

11. 샴푸! 어떻게 생겨났을까?

샴푸(shampoo)는 힌두어인 'shampoo'를 어원으로 하고 있으며 '마사지하다', '매만지다', '주무르다' 라는 뜻이다. 샴푸는 광의로 해석하면 모발이나 두피의 세정을 뜻하며, 고객에게 행하는 최초의 서비스이자 헤어스타일을 만들기 위한 가장 기본적인 행위이다. 그러므로 모발 타입에는 맞는 질이 좋은 샴푸를 사용하여 샴푸의 가치를 극대화하여야 한다.

▶ 샴푸의 발달과정

과거에는 머리를 감는다는 것이 몸을 씻거나 얼굴을 씻는 것과 같이 더러움을 물로 헹구어 내는데 지나지 않았으므로 작은 입자의 먼지나 더러움 정도는 물로 씻어 냈다(기름때 등의 정도가 심한 때는 세정이 불가능하였다).

그 이후 약간의 세정작용을 갖고 있는 짚을 태우고 남은 재를 사용하게 되었는데, 재 역시 알칼리 성분이 강해 필요 이상의 유분과 심하게는 모표피까지 녹였기 때문에 모발을 뻣뻣하게 만들었다. 이러한 부작용을 막기 위해 해조류나 식물류의 분말을 물에 넣어 끓여 사용하였는데 이것은 세정 효과는 물론 모발을 뻣뻣하게 하지도 않았다. 산업혁명 이후, 비누가 사용되기 시작하였는데, 세제 중 가장 오래된 비누는 B.C 2500년경 제사 때 동물을 불에 태우는 과정에서 기름이 재에 떨어져 생긴 것을 이용했다는 기록이 있다.

1930년대까지 모든 샴푸는 비누계를 기초로 하였다. 비누계는 염기성인 나트륨과 칼륨을 기초로 하여 pH 10을 초과하는 강한 알칼리성이었으며 너무 세정력이 강하여 모발과 두피의 저항력을 떨어뜨리게 하였다. 또한 비누계는 사용상 불편한 점이 많았는데 특히 경수와 사용했을 경우 비누가 분해되어 생기는 지방산이 물 중의 칼슘이나 마그네슘과 결합해서 물에 녹지 않는 침선물을 형성하였다. 그 후, 1차 세계대전에 비누의 원료인 동·식물성 기름이 화학적 원료로 이용되어 비누의 공급이 어려워지자 석유로 새로운 계면활성제를 만들기 시작하였는데, 계면활성제는 종전의 비누보다 세정력이 뛰어나고 모발에 부드러움을 주는 장점이 있어, 2차 세계대전 이후 본격적으로 사용되었으며 샴푸를 비롯하여 모든 세제에 사용되게 되었다.

12. 모발! 제대로 알고 관리하자!

윤기있고 탄력있는 모발은 그 사람의 인상을 결정하는 중요한 요소 중 하나이다. 그러나 요즈음 모발에 가해지는 퍼머넨트, 염색 등의 화학적 자극이나 뜨거운 드라이어 열, 자외선 등의 물리적 자극으로 아무리 건강한 모발이라도 손상되기 마련이다. 따라서 건강한 모발을 가꾸기 위해서는 적절한 손질과 주의가 필요하다.

얼굴에 피부 타입이 있듯이 모발도 지성, 건성, 중성으로 구분되며 이 같은 상태에 따라 손질법도 조금씩 달라진다. 모발을 제대로 손질하려면 먼저 알아야 할 것이 머릿결의 상태이다. 모발 타입은 두피의 피지 분비로 판단한다. 피지 분비가 많아 기름기가 돌면 지성, 피지 분비가 적어 기름기가 별로 없고 건조하면 건성, 적당한 피지 분비로 윤기가 흐르면 중성이다.

모발을 윤기있고 탄력있게 만드는 타입별 손질법을 살펴보자.

1 중성 모발

(1) 마사지와 브러싱하기

샴푸를 하기 전에 헤어로션을 바르고 손가락 안쪽으로 빙빙 돌리거나 꾹꾹 눌렀다 힘을 빼는 동작을 반복한다. 브러싱을 할 때는 엉킨 머리카락을 풀어주기 위해 머리카락 끝부터 빗기 시작해 머리 윗 부분으로 옮겨가면서 빗어 내린다.

(2) 샴푸하기

정상 모발용 샴푸로 이틀에 한 번 감으면 되지만 헤어스타일링제를 쓸 경우에는 매일 샴푸한다. 머리에 따뜻한 물을 적시고 샴푸를 두피와 머리카락에 고루 바른 다음 손가락 안쪽으로 마사지하듯 거품을 낸 후 씻어 낸다. 샴푸제가 남지 않도록 깨끗이 헹구고 린스를 모발에 발라 가볍게 마사지한 후 1~2분쯤 지나서 깨끗이 헹구어 낸다.

(3) 머리 말리기

머리를 감은 후에는 타월로 찍어내듯이 물기를 닦아낸다. 물기가 어느 정도 마르면 헤어로션을 바르고 드라이어와 브러시로 헤어스타일을 만든다.

(4) 트리트먼트 하기

일주일에 한 번 정도면 충분하다. 트리트먼트제를 머리에 바르고 빗은 다음 비닐 모자를 쓰고 5~10분 정도 지나면 헹구어 낸다.

2 지성 모발

머리에 기름기가 흐르는 지성은 머리카락 색도 검고 튼튼한 편이나 머리를 감고 1~2일이 지나면 끈적끈적한 기름기가 돈다. 피지 분비가 많으므로 하루에 한 번은 샴푸를 해서 청결을 유지해야 한다.

(1) 마사지와 브러싱하기

두피 마사지를 할 때 레몬즙을 물에 타서 바르면 피지 분비를 억제할 수 있다. 또한 솔 간격이 넓은 브러시에 거즈를 3장정도 입혀서 머리를 빗는다. 거즈가 더러워지면 한 장씩 벗겨 내면서 머리를 빗어 주면 피지와 머리에 달라붙은 먼지를 쉽게 제거할 수 있다.

(2) 샴푸하기

지성모발용이나 정상모발용 샴푸로 매일 머리를 감는다. 머리를 감을 때는 정수리 부분을 집중적으로 마사지하고 손가락을 벌려서 머리를 빗어준다. 샴푸로 두 번씩 감고 따뜻한 물을 사용해야 피지가 쉽게 제거된다. 린스는 필요할 때 머리끝에만 사용하고 빨리 헹구어 낸다.

(3) 머리 말리기

머리에서 냄새가 나기 쉬우므로 머릿속까지 잘 건조시켜야 한다. 물기를 타월로 닦아 내고 드라이어의 센바람으로 10cm이상 간격을 두고 말린다.

(4) 트리트먼트 하기

샴푸를 약 4회 할 때마다 한번 정도 한다. 트리트먼트제를 머리에 바르고 머리를 빗은 후 비닐 모자를 쓰고 5분 정도 있다가 헹군다. 헹굴 때 레몬 반개를 즙을 내서 섞어 쓴다. 긴 머리는 지성이라도 머리끝은 건조하므로 트리트먼트를 해주는 것이 좋다.

3 건성 모발

건성은 머리를 감고 2~3일이 지나도 기름기가 별로 없고 린스를 해도 곧 건조해진다. 머릿결은 가늘고 힘이 없는 경우가 대부분으로 지성 머리카락에 비해 쉽게 손상되어 머리카락이 푸석거리고 끝이 갈라진다. 샴푸를 너무 자주 하면 두피가 건조해져서 비듬이 생길 수도 있다.

(1) 마사지와 브러싱하기

유분이 많은 헤어오일이나 크림을 발라 영양을 준 다음 마사지한다. 브러싱할 때도 건조한 모발이 서로 엉키기 쉬우므로 헤어로션이나 물과 섞은 헤어오일을 모발에 뿌리고 브러싱한다.

(2) 샴푸하기

건성 모발용이나 손상 모발용 샴푸로 2~3일에 한번씩 감는다. 뜨거운 물은 머리카락을 더욱 건조하게 하므로 미지근한 물이 좋다. 린스는 건성 모발용 린스를 두피 전체에 바르고 2~3분 후에 헹구어 낸다. 수용성 헤어 크림이나 오일을 물에 풀어 머리카락에 발라도 좋다.

(3) 머리 말리기

타월로 물기를 제거하고 자연 건조시킨다.

(4) 트리트먼트 하기

일주일에 한 번 정도하면 충분하다. 트리트먼트제를 머리에 바르고 빗은 다음 비닐 모자를 쓰고 5~10분 정도 지나면 헹구어 낸다.

4 그 외의 모발

(1) 약한 모발

약하고 상하기 쉬운 모발은 무엇보다 수분 유지가 중요하다. 뿐만 아니라 단백질과 유분을 공급해 주고 매일 트리트먼트를 해준다. 민간요법으로는 팥을 곱게 갈아서 물을 조금 넣어 걸쭉한 상태가 되면 모발에 발라 마사지 해준다. 이것은 모발이 건조해지는 것을 예방할 수 있는 것이다.

건강한 모발을 위해서는 비타민과 단백질, 미네랄이 필수적이므로 우유, 두부, 김, 육류, 생선, 계란 등을 골고루 섭취하는 것이 좋다.

(2) 부드러운 모발

부드러운 모발은 어떤 스타일로 가꾸어도 머리형이 오래가지 않고 다시 원상태로 돌아가는 모발이므로 머리에 볼륨을 주는 것이 중요하다. 퍼머를 하는 것도 볼륨감을 주는 방법이다. 이러한 모발에는 샴푸 후 모발에 달걀 흰자팩을 해주면 효과적이고 오일을 섞으면 더욱 윤기있는 모발관리가 될 것이다.

(3) 볼륨 있는 모발

볼륨 있는 모발은 숱이 많기 때문에 우선은 볼륨을 가라앉히고 가벼워 보이게 하는 것이 포인트이므로 머리를 차분하게 하는 헤어크림이나 또는 염색으로 무거운 분위기를 해소할 수 있다.

윤기 있는 모발을 위한 팩은 밀가루 한 컵에 올리브 오일과 레몬즙을 팩하기 좋은 상태로 혼합하여, 샴푸 후에 모발과 두피까지 골고루 팩을 해준 다음, 따뜻한 타올로 감싼 뒤 20분 정도 지나면 맑은 물로 헹구어 준다.

(4) 곱슬머리

곱슬머리는 곧게 뻗은 생머리를 거의 기대할 수 없으므로 자연스럽게 웨이브를 살려주는 것이 효과적이다. 곱슬머리에는 모발에 조금 습기가 있을 때 트리트먼트를 발라 주면 침투력이 높고 곱슬머리의 단백질의 밀도를 균등하게 하는 작용이 있다.

(5) 뻣뻣한 모발

뻣뻣한 모발은 단백질은 풍부하나 수분이 부족하여 윤기를 잃기 쉽다. 보습효과를 높이는 헤어트리트먼트나 헤어로션으로 수분을 보급해 주는 것이 무엇보다 중요한 포인트이다. 모발에 충분한 수분을 공급해 주기 위해서는 알로에 성분이 들어있는 로션으로 두피에서 머리끝까지 마사지해 준다. 이것은 두피도 건강해지고 모발에는 수분이 침투하여 효과적이다.

그리고 사과식초에 허브향을 첨가하여 2주정도 둔 다음 이것으로 린스를 해주면 모발이 부드러워지고 색깔도 밝게 변하여 뻣뻣한 머리를 커버할 수 있다.

13. 건강한 모발을 위한 영양균형에 힘쓰자.

1 영양소를 알아야 모발 건강이 보인다(?)

모발의 성질이 나쁘거나 윤기를 잃게 되는 것은 특히 식생활에 원인이 있는 경우가 많다. 아름다운 모발을 유지하기 위해서 필요한 모발의 영양에 대해 알아보자.

모발은 모유두의 모모세포가 혈관으로부터 공급되는 영양분을 흡수, 분열하여 형성되어진 세포들의 집단이다. 모모세포의 분열로 위로 밀려 올라간 세포는 점차 수분이 감소되어 둥근 모양에서부터 방추형으로 변해가고, 속은 딱딱한 케라틴(keratin)이라고 하는 물질로 변하여 간다. 이것을 각화라고 하는데, 이러한 변화는 물리·화학적인 변화이고, 알기 쉽게 말하면 연한 가래떡을 놓아두면 딱딱하게 되는 것과 같은 이치이다. 이 케라틴이라고 하는 것은 18종의 아미노산이 결합되어 있는 단백질의 일종이다.

결국 모발은 이 케라틴으로 구성되어지는 것이므로 모모세포에 흡수되어지는 영양은 케라틴의 원료가 되는 것이어야 한다. 케라틴의 원료라고 하면 아미노산이다. 이들 아미노산 여럿이 모여 세로로 길게 연결되어 우선 폴리펩타이드(polypeptide)라고 불리는 분자를 만들고, 이 폴리펩타이드가 가로로도 연결되면서 케라틴이 된다.

이런 이유로 모발에 있어서 가장 중요한 영양은 이들 아미노산인데, 그 중에서도 가장 많이 필요로 하는 것은 시스틴(cystine)이라는 아미노산이다. 그런데 이런 아미노산은 인체에서 음식물로 공급받고 있으며, 주 공급원은 단백질이다. 즉 섭취한 단백질은 위장에서 아미노산으로 분해되어 혈액에 의해 신체의 각 조직에 운반되고 흡수되어 신체에 필요한 단백질로 재편성되는 것이다.

모발의 경우는 모근의 모유두에 모세혈관을 통해 영양분이 보내져 모발의 성장을 촉진시키게 된다. 모발은 이들 아미노산 중에서도 특히 시스틴이라고 불리는 아미노산이 많은데 이 시스틴은 폴리펩타이드의 가로로의 연결을 만드는데 필요하기 때문이며(이 가로로의 연결을 시스틴 결합이라고 함), 그것을 위해서는 시스틴이 많이 함유되어 있는 음식물을 먹을 필요가 있다. 시스틴이 특히 많은 음식물을 예로 들면, 대두, 멸치, 낙화생, 계란, 돼지고기, 고등어, 콩, 우유 등인데 특히 편식하지 않는 이상 대체로 일상 음식물로 충족되어진다.

그 외에 비타민류나 미네랄도 필요하다. 비타민은 피부를 건강하게 하고 비듬과 탈모을 방지하기 때문인데, 직접 어느 비타민이 모발의 성장 발육에 필요한가는 정확히 밝혀지지 않았지만 비타민도 호르몬과 같이 신체 전체 기능에 관여하고 있는 것이므로 어느 것이 부족하거나 과잉되어도 직·간접으로 영향을 받게 된다.

(표 4-1) 모발에 함유된 아미노산의 비율

아미노산	함유량	아미노산	함유량
글루타민산	15.00	블로린	6.75
시스틴	13.72~16.00	구리신	6.50
로이신	11.30	델로진	5.80
알기닌	10.40	바린	4.72
세린	9.41	아라닌	4.40
아스파라긴산	7.27	훼닐아라닌	3.70
슬레오닌	6.76	리진	3.30
메티오닌	0.71	히스티딘	0.70
트리프토판	0.70	히토킬른리진	0.21

따라서 비타민이 풍부한 파슬리, 소송엽, 딸기, 시금치 등의 야채류도 많이 섭취할 필요가 있다. 또한 리놀산을 포함한 식물성기름은 모발에 윤기를 주며, 낙화생, 참깨, 사라다유 등의 식물성 섬유도 많이 섭취하는 것이 필요하다.

또한 미네랄도 중요한데, 옛날부터 모발에는 미역과 다시마 등 해조류가 좋은 것으로 알려져 있다. 해초에는 모발의 영양분인 Fe, I, Ca이 많이 포함되어 있고, 두피의 신진대사를 높이는 효과가 있기 때문이다. 특히 I는 피부를 젊게 만드는 갑상선 호르몬의 분비를 촉진시켜, 모발의 성장을 도와주고 모발에 윤기를 준다. 그 외 mineral 함유식품(우유, 난황, 대두, 뼈째먹는 생선, 치즈, 시금치)을 섭취해 주는 것도 좋다.

이런 이유로 모발의 영양이라고 하는 것은 신체 내에서 보급하는 것이므로 외부에서 공급하여도 이미 각질화된 모발은 생활세포가 아니므로 별 도움을 주지 못한다. 따라서 두발화장품에 함유되어 있다고 하는 영양분이라고 하는 것은 의미가 전혀 다른 것으로, 그냥 모발에 흡수되어 그 외관이나 성질, 즉 윤기나 부드러움, 또는 강함 등을 개선시키는 유지류나 기타의 약품을 일컷는 것이다. 두발화장품에 흔히 비타민류를 넣는데, 두피나 피부에 흡수되는 것은 지용성 비타민이고 수용성 비타민은 흡수되지 않으므로 경구적으로 섭취해야 한다.

모발의 성분은 단백질, 즉 케라틴 성분이다. 따라서 동물성 단백질을 섭취하는 것이 중요하다. 털의 영양 목적에는 2가지가 있다. 첫째가 아름답고 튼튼한 모발을 만들어 내는 것이고 다음은 모발과 모유두의 결합을 좋게 하여 빠지기 어렵게 하는 것이다. 이 두 가지의 기능은 밀접한 관계를 가지므로 쉽게 빠지지는 않는다. 그러나 이러한 모발도 아무런 손질을 하지 않고 방치해 두면 약해질 염려가 있으므로 모발을 튼튼히 유지할 필요가 있다. 즉 건강한 모발을 위해 필요한 것은 음식물로 섭취해야 하며 이것이 참다운 '모발의 영양'이다.

요즘 여성들에게 생기는 헤어 트러블은 대부분 너무 자주 머리를 감는데서 비롯된다. 특히 미혼여성이나 직장에 나가는 여성들의 경우는 대부분 거의 매일 아침 머리를 감는데, 그만큼 샴푸의 사용도 많아지고 무스나 헤어스프레이 같은 헤어케어 제품과 드라이어의 사용도 많아지게 된다.

이런 일이 거듭될수록 머리카락은 점점 윤기도 없어지고 끝이 갈라지며 탄력을 잃게 된다. 뿐만 아니라 너무 자주 머리를 감게 되면 '반응성 지루증'이라 하여 두피에 기름이 많아지는데 자극이 적은 천연 샴푸를 쓰면 이런 증세를 막을 수 있다. 또한 무스나, 스프레이, 젤 등 각종 헤어케어 제품이나 열을 이용한 머리 손질은 머리카락의 구조에 손상을 줄 수 있으므로 되도록 횟수를 줄이고 하지 않는 편이 좋다.

이러한 직접적인 머리 손질에 앞서 건강하고 윤기 있는 머리카락을 만드는 최고의 비결은 바로 신선한 과일과 채소를 비롯한 균형잡힌 식생활이란 것을 꼭 기억해 두자.

2 아름다운 머리결을 위해 비타민을 섭취하자!

(1) 비타민 A

비타민 A가 결핍되면 피부는 건성으로 되고 모공은 단단하게 위축된다. 이러한 증상을 모공각화증이라 하며, 모공의 각질층이 두꺼워져 출구를 막기 때문에 탈모가 촉진되고 모발성장에 방해가 된다. 비타민 A는 cream에 배합하여 건조성 두피나 비듬이 많은 사람에게 바른다. 과하면 탈모현상이 일어난다.

(2) 비타민 B_1

피부에 직접 관계는 없으나 부족되면 위장장애로서 국부지체를 일으키는 경우가 있다. 비듬을 방지하며 육류, 간, 난황, 보리, 현미, 땅콩, 효모에 함유되어 있다.

(3) 비타민 B_2

미용비타민이라고도 하며 부족되면 피부, 모발의 신진대사가 나빠진다. 특히 모발 성장에 도움을 주며, 우유, 난황, 생선 알, 간, 시금치, 효모, 토마토, 메주콩에 함유되어 있다.

(4) 비타민 B_6

부족하면 피지 분비가 촉진되며 최근에는 유용성 비타민 B_6을 분석하여 지루성 모발의 손질에 사용하고 있으나 효과면에서는 아직 의문이다.

(5) 비타민 B 복합체

복합제 파라아미노 벤조닉산 : 흰머리의 예방에 도움이 된다고 하나 효과면에서는 미지수이다.

(6) 니코틴산

부족되면 "펠라그라" 피부병을 유발한다.

(7) 비타민 C

부족되면 괴혈병을 유발한다. 모발에도 영향을 준다.

(8) 비타민 D

모발 발육·재생에 효과가 있으며 cream에 흔히 배합하여 사용한다. 음식물로 섭취하지 않아도 일광을 쪼이면 피부에서 자연히 생기게 되며, 여름철 해수욕장에서 sun tan을 하면 다리의 모발이 눈에 띄게 늘어난다. 이것은 일광으로 피부의 혈액순환이 좋게 되는 것과도 관계가 있으나 비타민 D가 많이 생겨 모발의 신장이 좋고, 또한 굵기도 좋게 되기 때문이다. 가을이 되어 강한 일광에 쪼일 기회가 적어지면 다리의 모발도 두드러지지 않게 된다.

(9) 비타민 E

항불임 비타민이라 하며 말초혈관 확장작용을 하므로 혈액의 순환을 돕는다. 난소의 활동을 활성화하고, 호르몬의 분비를 촉진해 간접적으로 모발의 발육을 돕는다. 난황, 우유, 맥아, 시금치, 땅콩, 참깨, 밀배아, 효모에 함유되어 있다.

(10) 비타민 F

Linol acid 등 지방산으로 식물성 기름에 많이 함유되어 있다. 모발이나 피부에 윤기를 준다.

[3] 모발건강에 해가 되는 식품을 주의하자!

(1) 술, 콜라, 커피, 초콜릿 : 알코올, 카페인, 당분이 많은 음식은 영양분은 없으면서 식품자체가 독성이 있기 때문에 모발의 윤기를 빼앗고, 탈모현상이 일어나기 쉽다.

(2) 소금 : 몸의 수분을 줄이고 두발과 두피를 건조하게 만들며 탈모현상과 모발성장 방해를 한다. 소금 화합물이 많이 들어간 햄, 베이컨 등의 가공식품도 마찬가지다. 과잉섭취시 모발의 중요 영양분인 철분을 파괴하여 붉은 모발을 만드는 원인이 된다.

(3) 기름진 음식 : 지방성 노폐물을 축척해 혈관의 흐름을 막고 모근을 상하게 한다.

14. 호르몬의 작용과 모발은 밀접한 관계가 있다(?)

신체 내에서 분비되고 있는 호르몬은 몇 십종이 되나 각각의 역할을 가지며 신체 각부 조직의 세포가 하는 일을 돕고 있다. 이는 미량으로도 큰 힘을 발휘하는 것이기에 결핍되거나 과다하면 신체에 이상을 초래한다.

특히 모발과 관계있는 호르몬은 뇌하수체, 갑상선, 부신피질, 성선(난소나 고환) 등에서 분비되는 호르몬이다. 뇌하수체 전엽에서는 성장호르몬(GSH), 갑상선 자극호르몬(TSH), 부신피질호르몬(ACTH), 성선자극호르몬(FSH) 등 여러 가지 일을 하는 호르몬이 분비되고 있으며, 부신피질에서는 적어도 6군데의 생리작용을 담당하는 호르몬이 분비되고 있다. 또한 이와 같은 것은 서로 관련을 가짐으로서 몸 전체의 기능이 원활하게 유지되도록 한다.

[1] 뇌하수체 전엽 호르몬

뇌하수체 전엽에서는 갑상선, 부신피질, 성선을 자극하는 호르몬이 나오며 이들 호르몬의 분비를 지배하는데, 뇌하수체에 이상이 있으면 탈모가 일어난다. 뇌하수체 호르몬을 투여할 경우 모발 발육이 좋다는 실험결과도 있지만 호르몬의 직접적 작용이라기 보다 다른 호르몬의 분비를 억제하거나 촉진시키는 간접적 작용을 하는 것으로 알려져 있다.

2 갑상선 호르몬

모발의 발육과 밀접한 관련이 있다. 기능이 쇠퇴해지면 모발은 유연하며 가늘어지고 퇴화되고 기능이 항진되면 발육은 양호하게 되는데, 지나친 항진도 "바세도우씨"병과 같은 증상에 의한 탈모가 일어난다.

3 부신피질 호르몬

여성의 경우 남성호르몬과 같은 물질이 분비되어 성모나 체모에 영향을 준다. 여성으로서 체모가 많아지거나 수염이 나거나 하는 것은 이 부신피질 기능 촉진에서 오는 것이다.

4 성 호르몬

여성호르몬은 모발 발육을 촉진시키며, 남성호르몬은 모발 발육을 억제시킨다. 그러나 체모는 이와 반대로 남성호르몬이 그 발육을 촉진시켜 탈모를 가져온다. 남성의 고환에서 만들어지는 남성호르몬은 수염이나 흉모에 관계되고, 부신피질에서 만들어지는 남성호르몬은 팔의 털, 음모, 성모 등에 관계된다.

15. 탈모! 알고 대처하자.

1 정상적인 탈모

어떤 원인으로 모발의 성장이 억제당하게 되면 모근에서 일어난 변화가 모간에 나타나는데 1개월 반 이상이나 걸린다. 또한 성장을 방해하는 원인이 없어져도 기능이 회복될 때까지 일정한 기간이 걸린다. 이 두 가지를 합친 기간이 모발의 회복에 걸리는 시간이다.

피부의 경회복기간은 약 28일로 비교적 간단하게 회복되지만, 모발의 경우 그 만큼 회복 시간이 느리다. 특히 여성의 경우 임신과 질병의 회복시 체력의 유지와 모발의 균형에 상당히 조심하여 모발에도 영양이 전달되도록 신경을 쓸 필요가 있다.

평균적으로 사람의 머리카락의 개수는 약 10만개에서 12만개 정도이다. 머리카락은 발생, 성장, 퇴화, 휴지기라는 life cycle을 갖고 있으며 휴지기에 돌입한 머리카락은 보통 하루에 60~80개정도 자연스럽게 빠지는데, 빠지는 수는 계절, 나이, 건강 상태에 따라 다르다. 나이가 많을수록 빠지는 수는 늘어나며 가을철에 특히 많이 빠지는데, 하루에 60~80개정도 빠지는 것은 정상이다.

일반적으로 모발이 빠진다고 하는 것은 모유두에 있는 모모세포가 분열증식하는 것을 중지하였기 때문에 일어나는 현상이다. 생리적으로는 누구에게나 주기적으로 이 생산·휴업이 일어난다. 모유두의 이 휴지기는 사람에 따라서 다소 차이는 있지만 3년 내지 6년에 한번이고 3개월 정도를 쉰 다음 다시 활동을 개시한다. 그렇지 않고 10만 가닥 정도가 되는 두모가 일시에 쉬어 버리면 대머리로 되어 버릴 수도 있을 것이다.

동물의 경우에는 한꺼번에 털갈이를 하는 것도 있으나 사람은 매일 조금씩 빠지는 동시에 조금씩 새로 나오기 때문에 전체적으로는 감소했다는 느낌을 받지 않는다. 이와 같이 자연의 생리현상으로 빠지는 모발의 수는 하루에 약 55가닥 정도이며 100가닥 정도 빠지더라도 걱정할 것까지는 없다.

그러나 짧은 기간에 많은 모발이 빠지는 경우에는 주의를 요한다.

2 비정상적인 탈모란?

대체로 모발이 갑자기 빠지기 시작하는 이유는 모유두에서 돌연 모발의 생산을 중지했기 때문인데, 탈모가 진행되면 모근에 존재하는 모유두가 작아진다. 모유두가 작아지면 모발의 굵기도 가늘어지며 동시에 모주기가 짧아진다. 즉 3년~5년 자란 후 빠져야 할 모발이 1년 자란 후 빠지게 되면 계산적으로 하루에 약 210여개가 빠지게 된다. 또한 새로 자란 모발은 더욱 가늘어진다.

탈모가 계속 진행되면 모발은 솜털로 변하고 모주기는 더욱 짧아져 조금만 자란 후 빠지게 된다. 즉 탈모가 진행되면 모발이 가늘어지고 길어지지 않는 것이다. 어느날 머리카락의 굵기가 평상시보다 가늘어지면서 하루 100개 이상씩 빠지는 것이 확인된다면 이는 곧 탈모라 할 수 있다

탈모에는 부분적으로 일어나는 탈모, 전체적으로 넓게 일어나는 탈모, 한 부분이 원형으로 일어나는 원형탈모 등 후천성 탈모증이 있으며 남성에게 많은 유전에 의한 남성형 탈모증도 있다.

탈모의 현상으로는 머리가 가려워지고 지성비듬이 많아지는 상태가 3~6개월간 지속되다가 모발이 많이 빠지게 되고 그 모근에 흰 젤라틴 같은 것이 붙게 된다. 그와 같은 상태가 1~2년 지나 탈모가 그치고 비듬도 적어지면서 동시에 두피에 광택이 생기면 본격적으로 대머리가 된다.

한번 손상되면 전과 같은 회복이 어려우므로 그렇게 되기 전에 자신의 체질이나 모발의 성질을 알아내어 올바르게 손질하도록 해야 한다.

3 탈모의 원인은 무엇일까?

(1) 모유두 조직이 화상이나 외상으로 손상된 경우

즉 공장이 화재나 지진으로 파괴된 것과 같은 것이다. 반흔성 탈모증으로 회복이 불가능하다.

(2) 내분비 실조의 경우

내분비, 즉 호르몬(Hormone)은 기계의 윤활유와 같은 작용을 하고 있다. 주로 두발의 발육에는 여성 호르몬이 관계하고 있기 때문에 이것이 부족하면 세포의 작용이 약해져서 생산이 저하되는 경우가 있다. 중년 여성의 경우 갑자기 머리가 많이 빠지는 현상은 갱년기로 인한 호르몬의 언밸런스로 인한 탈모일 경우가 많으나, 의사의 진단을 받아 보는 것이 가장 현명할 것이다.

(3) 신경성 장해에 의한 경우

정신적 고뇌나 긴장감이 연속되면 교감신경이 긴장하며 그 결과 모유두에 연결되는 모세혈관이 위축되어 영양의 보급이 원활하게 행하여지지 않기 때문에 탈모되는 경우이다. 즉 공장에 원료를 운반하는 수송기관이 파업을 일으켜 원료가 들어오지 못하는 것이다. 원형탈모증은 이것의 전형적인 증상이라고 할 수 있다.

(4) 영양장해에 의한 경우

물론 전항의 신경장해에 의한 탈모도 영양이 공급되지 않는 일종의 영양장해라고도 여겨지나 근본적으로 영양 자체, 즉 케라틴을 만드는 주원료인 아미노산 그 자체가 부족하거나, 보조적으로 작용하는 비타민, 미네랄 등의 부족도 정상적인 모발 재생에 악영향을 주기 때문에 모발이 약해져서 탈모되는 수가 있다. 산전, 산후, 큰병 뒤 등 내분비의 밸런스가 깨져서 일어날 가능성도 있지만 이런 원인도 그냥 보아 넘길 수만은 없는 것이다.

(5) 피지분비 이상에 의한 경우

모낭에서 만들어진 피지선에서 피지의 분비가 과도 해지면 모근의 각화를 저해하여 소위 지루성 탈모증상을 일으킨다. 또 피지의 분비가 너무 적어도 두피나 모근의 건조가 심하여 위축되어 빠져 버리는 경우가 있다.

(6) 약품의 부작용의 경우

상용하고 있는 약품 특히 항생물질이나 어떤 종류의 화학요법제의 부작용으로 탈모를 일으킬 경우도 있고 피부의 밖에서 콜드액이나 염색약에 의한 염증으로 탈모를 일으킬 경우도 있다.

(7) 유전에 의한 경우

남성 호르몬의 작용에 따라 육모가 억제되어 두발이 가늘어지고 연약하게 되어 탈모가 되는데, 초기에는 샴푸 때 머리가 많이 빠지며 말기에는 대머리가 된다. 예로부터 대머리는 유전이라고들 말하고 있으나 사실은 대머리 자체가 유전이 되는 경우가 아니라 대머리가 되기 쉬운 체질이 유전되는 경우가 많다.

스스로 두피를 눌러보아 흔히 말하는 석두 타입이라면 우선 대머리가 되기 쉬운 체질이라 말할 수 있다. 대머리가 되는 시기는 빠른 사람의 경우는 18~19세에 시작되고 늦은 경우는 40~50세에 시작된다.

(8) 그 외

말라리아, 콜레라 등 많은 열을 동반한 병 후, 매독 기타의 병에 의한 탈모, 혹은 결발성 탈모 등과 같은 기계적 원인에 의한 탈모 등. 탈모의 원인은 다종 다양하고 한마디로 무엇이 원인이라고 하는 것은 전문의라도 좀처럼 진단하기가 어렵다.

4 탈모를 예방할 수 있는 방법을 알아보자!

가장 손쉬운 방법은 두피 마사지이다. 연구에 의하면 머리카락이 빠지기 시작하는 사람에게 하루 3분씩 2개월 이상 두피 마사지를 시킨 결과 탈모가 중지됐다는 보고가 있다. 머리카락이 빠지는 가장 중요한 이유는 두피의 혈액순환이 잘 되지 않기 때문인데, 마사지로 혈액순환을 촉진시키는 것이다. 두피 마사지를 할 때 양파즙을 이용하면 더 효과적이라는 얘기도 있다.

우리 나라에서는 콩을 이용한 방법이 많이 연구되어 화제가 되고 있다. 언젠가부터 검정콩을 먹으면 좋다는 말이 퍼졌는데 혹자는 이를 동양의학의 음양오행설로 설명하기도 한다. 즉 머리털은 신체의 오장육부 중 신장(腎臟)의 주관을 받고 오행(五行)에서는 물(水)에 해당하며 색깔로는 검정색을 뜻하기 때문에 검정콩을 먹으면 좋다는 얘기이다. 그러나 한의학자들은 오행론적으로 의미 부여를 그렇게 할 수 있지만 그것보다는 고단백질인 콩의 영양학적인 가치 때문이 아닌가 보고 있다.

일본에서 탈모와 대머리로 고민하는 사람들이 선호하는 자연요법은 우선 검은깨를 이용하는 방법인데, 검은깨 벌꿀이 그중 하나다. 이는 잘게 부순 검은깨에다 벌꿀을 혼합한 것인데 검은깨100g과 벌꿀 150g을 준비해 검은깨를 믹서에 외피가 벗겨지도록 갈아 여기에 벌꿀을 혼합, 뜨거운 물에 1일 1큰술 분량을 녹여 마시면 된다는 것이다.

한편, 알로에 잎의 표피를 잘라내 직접 두피에 겔 상태의 알로에를 바르고 잘 침투할 수 있도록 마사지를 한 후에 그대로 건조시키면 탈모방지에 효과가 있다. 알로에 성분 중의 하나인 알로인에는 살균력에다 혈액순환을 촉진시키는 작용이 있으며 아울러 신진대사를 원활하게 하고 새로운 세포의 성장을 돕는 기능이 있는 것으로 알려지고 있다. 이런 이유 때문에 알로에 겔을 두피에 마사지해 주면 혈액의 흐름이 좋아지고 모근이 두꺼워져 비듬과 탈모가 줄고 대머리, 흰머리 등을 예방할 수 있다는 것이다.

미용실에서도 이와 같은 탈모의 손질은 두피에 염증을 일으키고 있을 경우를 제외하고는 두피를 깨끗이 하고, 두피의 지성, 건성에 따른 트리트먼트와 적외선 등을 조사하고 마사지, 육모 토닉을 바르는 등의 방법으로 두피관리(scalp treatment)를 하는 것 이외에는 특별한 방법이 없는 것 같다.

16. 두피가 하는 일은 무엇인가?

두피는 다른 피부와 마찬가지로 많은 기능들을 통해 자신을 보호할 수 있는 놀랍고도 복잡한 기관이다. 그러나 계속적으로 외부환경에 노출되어 그것에 의해 영향을 받고 변화될 수도 있다. 두피의 구조와 기능을 잘아는 것이 탈모, 비듬, 기름기 많은 두피 등의 다양한 문제를 해결하는 첫 단계이다.

두피는 표피(Epidermis)와 진피(Dermis) 두개의 층으로 구성되어 있다. 표피는 계속적으로 진화하는 수많은 세포들로 만들어진 가장 상층에 있는 구조이다. 가장 바깥쪽에 있는 각질층은 세포들이 평평하고 쉽게 벗겨지는 특성이 있다. 진피는 탄력소와 교원질로 표피를 지탱해준다. 진피 안쪽으로는 피부의 부속물인 격인 기름샘과 땀샘, 신경, 그리고 미세 순환기관의 가느다란 모세관들로 구성되어 있다.

이러한 두피는 다음과 같은 기능을 가지고 있다.

1) 신체의 온도조절에 있어 매우 중요한 역할을 한다.
2) 두피는 신경들의 끝부분이 몰려있어 예민한 감각적 기관이다.
3) 신진대사를 하는 기관이다. 즉, 몸에 있는 수분을 흡수하고 조절하는 역할과 공기의 조절 역할을 하고 있다.
4) 머리카락, 멜라닌, 피지, 그리고 땀을 만들어 낸다.
5) 탄력있고 풍부한 머리카락을 만들어 냄으로 인해 외부의 자극으로부터 자신을 보호하여 병원균들의 공격이나 외부적인 충격, 바람에도 잘 견딘다.

17. 비듬은 왜 생길까?

비듬은 두피 세포가 굳어져 건조되어 떨어지는 것이다. 비듬이나 가려움증의 원인은 이미 널리 알려진 것과 같이 세균이 번식하고 두피에 자극을 주기 때문이다.

정도의 차이는 있지만 누구에게나 비듬은 있다고 할 수 있으며, 심하지 않은 경우에는 자주 브러싱을 해주고 샴푸를 청결히 하면 제거된다.

1 비듬의 원인과 이를 위한 예방법

(1) 스트레스

특히 수험생이나 스트레스가 많은 회사원들에게 비듬이 많이 생긴다고 한다. 정신적으로 크게 무리하는 것은 금물이고, 규칙적으로 잠을 자는 습관을 들이는 것이 좋다.

(2) 영양 부족

피부 건강에는 녹황색 채소류가 좋다고 한다. 두피 건강을 위해 녹황색 채소류를 많이 섭취한다.

(3) 피부자극

샴푸를 다량 사용하는 것도 두피의 건강에 좋지 않다. 그리고 머리를 감을 때는 피부자극을 최소화하기 위해 손톱을 사용하는 것보다는 손가락 끝 부분을 이용하여 마사지 하듯 샴푸하는 것이 좋다.

2 비듬의 종류와 그 대책은?

(1) 건성비듬

피지 분비량이 적고 수분이 부족하여 표피에 생성된 세포가 붙어 있지 못하고 각화 현상을 일으켜 떨어지는 것이 건성 비듬이다. 이때는 샴푸 전과 후에 두피에 헤어크림이나 헤어 오일을 발라서 수분과 유분을 보충해 주어 건조를 방지하는 것이 중요하다. 또한 두피의 혈액 순환을 촉진시켜 피지 분비를 원활하게 하기 위해 두피 마사지를 한다. 즉 브러싱 다음 헤어오일이나 헤어크림 등을 따뜻하게 중탕하여 탈지면으로 모발에 고루 바르고 두피 마사지를 한 다음 스팀 타월로 머리를 싸고 20분쯤 지난 후 비듬용 샴푸로 샴푸하여 죽은 세포를 제거한다. 그리고 나서 미지근한 물로 헹구어 낸다.

음식물은 비타민 A와 동물성 단백질을 충분히 섭취하도록 한다.

(2) 지성비듬

비듬에 유분이 많아 빗이나 브러시에 뭉쳐져서 묻어 나게 되는데 특히 모발의 상태가 지성인 경우에 나타나기 쉽다. 모발이 지성인 경우에는 피지 분비량이 많은데, 이 피지와 죽은 세포가 축적되어 비듬이 생기는 것이다.

이때는 비듬용 샴푸를 사용하되 이것은 피지선의 활동을 저하시키며 비듬을 두피에서 떨어져 나가게 한다. 그러나 너무 자주 사용하면 모발이 상하므로 일주일에 2번 이상은 사용하지 않는 것이 좋다. 샴푸 후에 린스는 모발에만 바르고 두피에는 바르지 않도록 한다. 뜨거운 물이나 열기는 두피의 피지분비를 촉진시키므로 주의한다.

린스 후에는 살균제가 들어 있는 헤어토닉을 두피에 발라 두피의 청결을 유지시켜 준다. 음식물은 피지의 분비를 억제하는 효과가 있는 비타민 B_6를 많이 섭취하는 것이 좋다.

이 밖에도 집에서 손쉬운 재료를 이용하여 비듬을 없애는 방법이 있다. 우선 간장 30g, 사과식초 15g, 따뜻한 물 240g을 준비하여 한 데 섞어 그 용액을 솜에 묻혀 모발에 바른다. 이때 두피까지 바를 필요는 없다. 그 다음 비닐 랩이나 캡을 쓰고 10~15분 경과 후, 샴푸로 헹구어 내고 타월로 꼭꼭 눌러 가며 말린다. 이 민간요법이 지성비듬에는 탁월한 효과가 있다.

18. 임신에 따른 모발 변화는 왜일까?

출산 후 나타나는 '탈모증'은 일시적으로 겪는 자연스런 현상으로 임신을 하면 머리카락이 자라는 속도에 변화가 생긴다. 평소보다 빨리 자라기도 하고 반대로 늦게 자라기도 하는데 이는 임신 중에만 나타나는 일시적인 현상이므로 크게 염려하지 않아도 된다.

문제는 분만 후에 나타나는 '휴지기 탈모증'이다. 출산 후 3~6개월쯤 지나면 머리카락이 갑자기 많이 빠지기 시작한다. 머리카락은 생장기와 휴지기를 거친 후에 빠지게 되며 그 자리에 새 머리카락이 돋는다. 즉 생장기에 자랐다가 휴지기에는 성장을 멈춘다. 그런데 임신과 출산 과정에서는 호르몬의 변화로 생장기에서 갑자기 휴지기로 넘어가면서 머리카락이 대량 빠지는 것이다.

이를테면 평소엔 하루 평균 1백 가닥이 빠지던 것이 임신과 출산기에는 3백 가닥 정도나 빠지곤 한다. 그러나 이러한 탈모 증상은 대개 출산 후 1년 이내에 호전되므로 크게 걱정하지 않아도 된다.

임신을 하면 신진대사가 왕성해져 땀과 비듬이 많아지므로 머리를 자주 감는 것이 좋으며 샴푸 후에 트리트먼트를 하거나 가끔 두피 마사지를 해 주면 모발 건강에 좋다. 머리카락이 많이 빠질 때에는 평소보다 가볍게 빗질한다.

임신 중에는 긴 머리보다 짧게 컷트한 머리가 훨씬 간편하며 머리 감기나 손질하기에도 편하고 보기에도 깔끔하다. 또 긴 머리보다 짧은 머리가 덜 빠지며 퍼머는 안정기로 접어든 임신 중기에 하는 것이 바람직하다.

제 5 장 비만과 영양

1. 비만증의 개념을 알아봅시다!

섭취 에너지가 소비 에너지 보다 많아서 체내의 지방조직에 중성지방이 다량 축적되어 체중이 표준체중에 비하여 20% 이상 증가한 상태를 비만증이라고 한다. 비만이 문제가 되는 것은 비만도가 높을수록 사망률이 높아지고 당뇨병, 고혈압, 심장병 등의 성인병의 발병률이 높아지기 때문이다.

하지만 여기서 우리가 유의해야 할 것은 체중이 많이 나간다는 것이 꼭 비만은 아니라는 것이다. 왜냐하면 비만은 체지방의 양에 대한 개념이고 체지방의 양이 반드시 체중과 비례하지는 않기 때문이다. 체격이 크거나 근육량이 많아서 체중이 많이 나가는 사람도 있기 때문이다.

그렇다면 체지방은 나쁜 것일까? 꼭 그렇지는 않다. 우리가 생명을 유지하기 위해서는 어느 정도의 지방은 필수적이다. 여기에는 다소 남녀의 차이가 나는데 일반적으로 남자는 지방조직보다는 근육조직이 발달되고 여자는 근육조직보다는 지방조직이 훨씬 발달되어 있다. 따라서 비만을 판정하는데 남녀의 기준이 다르다.

남자의 경우 체지방량이 체중의 14~17%이면 정상, 여자의 경우는 이보다 5% 정도가 높아 19~22% 정도의 체지방량이라면 정상이다. 비만이라고 하는 것은 체지방량이 범위를 벗어나 남자는 체중의 25% 이상, 여성은 30% 이상인 상태이다.

체지방은 나이를 먹어감에 따라 증가한다. 남자의 경우 30대에서는 약 18%, 40대에서는 22%, 50대에서는 24% 의 지방조직이 증가하고, 여자의 경우 30대에서는 약 29%, 40대에서는 32%, 50대에서는 34%의 지방조직이 증가한다. 이것은 나이와 함께 운동량이 감소하고 신체가 필요로 하는 기초대사량과 에너지가 줄기 때문이다. 통계 자료에 의하면 남녀를 막론하고 대개 25세가 넘으면 활동량이 줄어들어 지방조직이 조금씩 증가하기 시작한다고 한다.

그러나 비만은 나이를 먹어감에 따라 자연스럽게 일어나는 하나의 현상이 아니다. 활동량을 늘리고 규칙적인 생활습관, 올바른 식습관을 지켜나가면 아무리 나이를 먹어도 비만해지지 않는다. 당연한 말이지만 필요 이상으로 많이 먹기 때문에 지방조직이 증가하는 것이고, 필요한 만큼의 운동을 하지 않기 때문에 근육조직이 감소하는 것이다.

물론 체지방이 어느 정도 이상으로 과잉 축적되어 비만이 유발되었다고 즉각적으로 건강상의 문제가 발생되는 것은 아니지만 비만인 경우 심장질환, 뇌졸증, 고혈압, 당뇨, 암, 관절염 등 각종 성인병의 발병률이 높아지고 그 자체로서도 용모의 손상이나 신체적 기능의 저하를 가져오기 때문에 비만은 이제 그 자체가 질병으로 간주되고 있다.

2. 비만증의 원인은 무엇일까요?

비만증의 원인으로는 유전적 원인, 질병, 에너지 섭취의 불균형, 스트레스, 식사습관, 약물의 부작용, 운동부족 등이 있다. 다이어트를 시작하기에 앞서 우선 선행되어야 할 것은 자신의 비만원인을 파악하는 것이다. 자신에게 문제가 되는 비만의 원인을 모르는 채 무조건 실행하면 다이어트 실패자가 되기 쉽다. 특히 유행 다이어트 방법의 경우 실패 가능성이 더욱 크다.

비만의 원인은 어느 한가지라고 단정지을 수 없이 여러 원인들이 복합하여 작용하고 있으며, 개개인마다 주된 원인이 다르기 때문에 자신의 비만원인을 알아내 그것을 없애는 노력이 필요하다. 비만의 거의 대부분은 과식과 운동부족이 주된 원인인 단순성 비만이고 나머지는 내분비계 질환(쿠싱 증후군, 갑상선기능 저하증, 인슐린종 등)이 원인인 증후성 비만으로 매우 드물다.

3. 비만을 분류해 보면?

1 비만의 시작 연령에 따른 분류

크게 소아비만, 사춘기 비만, 성인 비만으로 대변할 수 있다. 처음 출생 후 1년간은 지방세포의 크기가 두배 가까이 증가하며 지방세포의 수적인 증가는 거의 없다. 실제로 문제가 되는 것은 4세에서 11세 사이의 시기에 발생되는 비만으로 이때 발생한 비만은 지방세포의 수적인 증가를 동반하여 일생 동안 비만이 지속되는 경향을 갖게 된다. 청소년기에 발생하는 비만은 대개의 경우 사춘기 말에 가장 흔하며 대부분의 비만이 시작되는 시기이다. 이때는 패스트푸드, 인스턴트 식품 등 고칼로리의 간식류를 과다 섭취하여 비만이 발생한다. 성인의 비만은 남녀 모두 활동량의 감소가 주된 원인이며 여성의 경우 임신과 출산후에 체중 증가가 지속되는 경우가 많다. 성인의 비만은 대개 50대까지 지속되며 그 후 노년에 접어들면 서서히 체중의 감소를 보인다.

인간의 체지방 비율의 변화를 연령별로 나누어 보면, 신생아의 체지방율은 평균 10~15% 정도이다. 출생 후 체지방의 축적은 급속히 시작하여 생후 1년 동안 가장 높다. 1세에서의 체지방율은 평균 20~25% 정도이고 그 후 점차 감소하여 6~7세의 아동 중기에 가장 작다.

사춘기가 되면 다시 증가하는 경향이 나타나는데 특히 여성은 13세경부터 급격히 증가한다. 즉, 지방세포는 20세 이후에는 별로 증가하지 않고 그 이전에 대부분 생성된다. 때문에 20세 이후에 살이 찌는 것은 지방세포의 수가 증가하는 것이 아니라 지방세포에 지방이 많이 축적되어 그 크기가 증가하는 것이다.

성인의 경우 25세 정도부터 활동량의 감소, 기초대사율의 감소 등으로 체지방이 조금씩 축적되기 시작하여 식사조절, 운동 등으로 체중조절을 하지 않으면 60대쯤 되면 25세 정도 됐을 때보다 약 12~15% 정도 증가한다. 그러므로 지방조직이 왕성하게 발달하기 쉬운 시기에 주의하지 않으면 비만과 그로 인한 여러 문제점에 시달리게 된다.

2 비만의 원인에 의한 분류

(1) 유전적 소인에 의한 비만

입양아와 쌍생아 등을 대상으로 한 연구에서 유전적 소인의 관련성이 상당 부분 존재함을 알 수 있으며 체지방량의 결정에는 유전적 소인과 환경요소 모두가 관여하고 체내의 지방분포에는 유전적 요소가 매우 중요하다.

(2) 내분비적 원인에 의한 비만

식욕과 포만을 관장하는 시상하부의 복측내부의 손상은 식욕 및 포만감 조절의 이상으로 인한 과식증을 초래한다. 뇌수술, 뇌손상, 종양 및 염증성 질환 등이 그 원인이 될 수 있다. 다낭성 난소증후군도 내분비 기능 이상을 통한 비만을 초래하며 갑상선 기능 저하증, 쿠싱 증후군, 성선 기능 저하 등이 내분비적 비만의 대표적인 원인들이다.

(3) 식이성 비만

전체적인 식사열량의 증가는 확실한 비만의 원인이지만 동일한 열량을 섭취하는 경우 식사 횟수에 의한 영향은 아직 확실하지는 않다. 그러나 대부분의 연구에서 같은 열량을 많은 횟수로 나누어 먹는 경우가 비만의 위험도가 적다는 임상적 관찰이 있다.

(4) 운동부족에 의한 비만

섭취하는 에너지의 양이 소비하는 에너지의 양보다 많으면 당연히 비만의 원인이 된다. 그러나 운동부족은 에너지의 소비량의 감소는 물론, 신진대사율의 저하를 초래할 뿐만 아니라 에너지를 소비하는 근육의 양을 감소시키므로 결과적으로 비만의 원인이 된다.

(5) 약물에 의한 비만

당류 코르티코이드, 사이프로 헵타딘, 페노티아진 등의 복용으로 비만이 올 수 있으며 에스트로겐의 장기 투여, 니코친 금단효과에 의한 비만효과에는 논란이 있다.

(6) 사회, 경제 등 환경요인에 의한 비만

상류계층에서 보다 하류 계층에서 비만의 발생이 많고 고등 교육을 받은 계층보다 받지 못한 계층에서 비만의 발생이 높다. 원인에 대해서는 이론이 많지만 열등감이나 스트레스, 인스턴트 식품 섭취, 여가 활용을 통한 운동량의 부족 등이 지적되고 있다.

3 지방조직 형태에 의한 분류

(1) 지방세포 비대형 비만

성인에서 발생하는 비만에서 대부분을 차지하는 형대로 지방세포의 수적인 증가 보다는 하나 하나의 세포의 크기가 커지는 경우로 형태적으로 남성형 비만과 관계가 깊고, 고지혈증, 허혈성 심장질환, 인슐린 의존성 당뇨병 등과 같은 대사성 질환과 관계가 깊다.

(2) 지방세포 증식형

지방세포의 크기에는 변화가 없이 수적인 증가에 의해 초래되는 비만으로 생후 1년, 사춘기, 임신 후반기 등에 발생하며 소아 및 청소년기에 발생하는 비만의 경우는 지방세포의 수가 정상인에 비해 3-5배까지 증가하며 이 수적인 증가는 비만 치료 후의 재발과 관련된 소위 요요현상의 촉발과 관련성이 깊다. 경우 따라서는 성인에서도 지방세포의 수가 증가하는 경우도 있다.

(3) 혼합성

지방세포의 수적인 증가와 크기의 증가가 함께 있는 경우로 매우 극심한 비만에서 관찰된다.

4 지방조직의 체내분포에 의한 분류

지방의 체내분포 양상에 따른 각종 대사성 질환과의 관련성이 보고되어 최근에 임상적 유용성이 부각되고 있는 분류상식이다. 컴퓨터 단층 촬영으로 각 부위의 지방 분포에 관한 정확한 내용을 알아야 하지만 허리와 엉덩이 둘레를 측정하여 그 비율을 이용하는 간편한 방식이 대신 쓰이기도 한다.

지방조직의 체내분포에 대한 분류를 쉽게 설명하자면 지방이 복부에 축적되면 체형은 사과모양(내장비만형)비만이 되고 엉덩이나 허벅지에 체지방이 붙으면 배모양(피하지방형)비만이 된다. 허리치수를 엉덩이 치수로 나눈 몫이 0.8 이상이면 사과모양이고, 0.8 미만이면 배 모양으로 본다.

지질대사나 당질대사에 심각한 영향을 주고 갖가지 성인병을 부르는 내장비만형은 압도적으로 중년 이상의 남성들에게 많은 것이 특징이다. 이른바 중년살이 바로 이것이다. 내장지방을 줄이려면 식사개선은 물론이고 전신운동을 해야한다.

몸에 살이 찌면 가장 먼저 배에 살이 찌고 , 다이어트를 해도 가장 늦게 살이 빠지는 부위가 복부에 있는 살이다. 복부에 살이 찌는 것을 크게 분류해 보면 윗배에 찌는 살과 아랫배에 찌는 살, 두 가지로 나누어 볼 수 있다.

윗배에 살이 찌는 경우는 보통 위장이 좋지 않거나 불규칙한 식사로 위장이 늘어난 경우가 대부분이다. 따라서 폭음, 과식을 하게 되면 위장이 늘어나게 되므로 아주 조심해야 된다.

아랫배에 살이 찌는 경우는 대장에 좋지 않거나 숙변이 있어 대장의 움직임이 둔해지기 때문이다. 위, 아랫배가 모두 나온 경우는 두 가지의 원인이 복합적으로 작용한 것이므로 식사량을 조절하고 숙변을 제거해야 한다.

4. 나는 비만인가? 아닌가를 판정해 보자!

생체는 뇌신경, 내장, 근육, 골격, 체수분 등의 활성조직(lean body mass, LBM)과 에너지 저장의 역할을 맡고 있는 체지방(body fat)으로 이루어져 있다. 정상인 경우에는 LBM이 약 80%를 차지하고 체지방은 남자가 체중의 15~18%, 여자가 20~25%이다.

비만은 체지방이 과잉으로 축적한 상태로서 남자가 25% 이상, 여자가 30% 이상일 때 비만증으로 판정한다.

체지방의 측정법으로는

① 체비중으로부터 구하는 방법,

② 전 체액량으로부터 구하는 방법,

③ 전체 칼륨량으로부터 구하는 방법

등이 있으나, 이들은 설비나 기술이 필요하므로 일상에 응용하는 것은 어렵다. 그러므로 누구나 간편하게 비만을 판정할 수 있는 방법은 체중과 신장으로 계산하는 방법이다.

(표 5-1) 비만의 간이 판정법(체중은 kg, 신장은 cm 단위)

판 정 법	방 법	적용과 판정
Broca 지수	표준체중=(신장-100)× 0.9 $\frac{\text{체중} \times 100}{\text{신장}-100}$	90 이하 : 체중부족 90~120 : 정상 120 이상 : 비만
Quetelet지수(Kaup지수)	$\frac{\text{체중} \times 10^4}{(\text{신장})^2}$	19.1 이하 : 체중부족 19.1~25.4 : 정상 25.4 이상 : 비만
Rohrer지수	$\frac{\text{체중} \times 107}{(\text{신장})^3}$	100 이하 : 체중부족 100~160 : 정상 160 이상 : 비만
성인 BMI (Body Mass Index)	$\frac{\text{체중} \times 100}{\text{신장}^2}$	20 이하 : 저체중 20~25 : 정상 25~30 : 과체중 30 이상 : 비만

5. 정신분석적 측면에서 비만을 살펴본다면?

1 뚱뚱한 사람이 성격이 좋다(?)

비만 환자들은 사람들을 잘 웃기고 항상 낙천적으로 보인다. 그러나 사실은 마음속의 우울과 불안, 갈등을 숨기기 위한 방어 행위이다. 비만 환자의 전형적인 성격 특성은 참을성이 없고, 불안정하며, 양가 감정적이어서 이랬다, 저랬다 하고, 미신을 잘 믿는다. 좀 성공했다 싶으면 금방 만족감에 휩싸이지만, 실패하거나 좌절을 당했을 때는 금방 실망하고 굶주림의 공포에 빠진다.

비만 환자는 불쾌감, 특히 우울증을 바로 인식하지 못할 뿐만 아니라 효과적으로 해결하지 못하며, 욕구의 충족을 연기할 줄을 모른다. 비만 환자들은 이런 감정들을 달래 주기 위하여 여러 가지 중독행동에 빠지고 음식을 먹어댄다. 음식을 먹는 것은 비만 환자에게는 어릴 때, 말 배우기 이전에 엄마의 품에 안기는 행위이다. 이들은 구강행동의 주기(60분)가 정상인(90분)에 비해서 빠른데, 구강 욕구주기가 어린아이들의 것과 같은 것으로 보아 본능적 퇴행 상태에 있다고 해석이 된다.

2 비만자는 정신적으로 문제가 있는가?

(1) 구강기 고착

비만자들은 사랑의 상실에 의한 고통을 해결하는 방법으로 음식을 사용한다. 먹음으로써 자신을 달래 주고, 대리만족을 취한다. 이런 행동은 독립적이고 자발적인 행동을 하고 있다는 자신감을 주기도 한다. 이들은 육체적인 자신과 심리적 자신이 통합되지 못한 채로 따로 분리되어 있어 심리적인 공허감을 육체적인 만족으로 처리하려 한다. 그러므로 자신에게 음식을 먹이는 것은 그야말로 순수한 자기 달래기의 수단이다.

(2) 에디푸스기의 갈등

예컨대, 몸과 남근을 동일시하는 비만 환자들은 뚱뚱하고 큰 몸을 큰 남근으로 인식한다. 따라서 여성 비만 환자의 경우에는 비만한 체구를 가짐으로써 남근 선망의 소원을 대리 만족시키고 있으며, 남성 비만 환자의 경우는 작은 남근을 가진 것에 대한 보상심리 욕구를 만족시켜 준다는 의미가 있다.

(3) 비만해지고 싶은 욕구

이들은 모두 겉으로 의식 수준에서는 비만을 두려워하고 걱정하고 있지만 사실이 걱정은 다른 갈등의 다른 표현일 뿐이다. 이 증례들의 공통점은 비만에 대한 두려움이 무의식의 갈등을 해결하려는 노력이다. 이 갈등은 이차적으로 공격성 문제, 성문제와 의존문제에서 일어나는 갈등이다. 예를 들면 한 환자는 낙태 욕망과 이에 대한 죄책감이 갈등을 일으켜서 비만해 지고 있었다.

(4) 초자아 기능의 불완전

이들은 통제 기능이 약하다. 비만은 하나의 증상으로서 여러 가지 성격장애에서 볼 수 있다. 히스테리, 강박감, 경계선 장애, 정신병적인 상태에서도 볼 수 있다. 진단이 무엇이건 간에 중요한 것은 비만이 충동 장애라는 것이다.

결론은 충동 조절을 못하는 것이 문제인데 그 이유는 초자아 기능이 약하고 자아 기능의 결함 때문이다.

(5) 습관장애

어릴 때의 습관과 싸우던 방식을 어른이 된 후에도 먹고 싶은 충동과 싸울 때 그대로 사용하기 때문이다. 비만자의 자아가 주로 사용하는 방어 기전은 부정, 분리, 전치, 외형화, 그리고 일부러 숨기거나 거짓말하기 등이다.

(6) 성장과정에서 생긴 원인

어머니가 통통하게 살찐 아이를 좋아하는 것과 어머니가 아이에게 강제로 음식을 먹이는 경향이 원인인자로 작용한다. 비만아의 부모는 아이를 통하여 자신의 욕망을 이루려는 사람들이어서 지배적이고 음식을 강요하며 어린이의 성취에 대한 기대가 높다. 또 어린이에게 따뜻한 보살핌이 필요할 때마다 사랑 대신에 음식을 먹이는 부모들이다. 그러므로 성장 후에 사회적 좌절을 당하면 음식에서 위로를 받고 음식을 씹음으로써 공격 욕구도 발산한다.

비만 환자의 부모는 정상적인 부모 역할을 전반적으로 소홀히 하는 편이며 절제를 가르치지 못하는 부모였다. 그것은 부모 자신의 초자아에 문제가 있어서 요구할 것을 요구하지 못하기 때문이기도 했다.

6. 비만에서 오는 장애와 질병은 ?

미국의 의학박사 딜은 비만으로 인한 5D를 용모손상(Disfigurement), 불편(Discomfort), 무능(Disability), 질병(Disease), 죽음(Death) 등의 다섯 가지로 정의하였는데, 이전에 비만이었거나 현재 비만인 사람은 이보다 더 많고 구체적인 사회적, 정신적, 신체적 피해와 고난을 겪고 있을 것이라고 짐작된다.

다음은 비만으로 올 수 있는 일반적인 장애와 합병증에 관한 설명이다.

1 순환기계

고혈압, 심장비대는 비만으로 인하여 발생하는 대표적 질환이다. 비만증인 경우는 체구가 크므로 인체 구석구석까지 혈액을 공급하기 위해서 순환혈액량이 증가하고, 심장 박출량이 증가하여 그 결과 고혈압과 심장비대가 일어난다. 또 동맥경화로 인하여 협심증과 심근경색을 초래하게 된다.

[2] 호흡기계

비만은 주로 폐, 흉곽, 인두 등에 지방이 침착해서 물리적, 기계적 변화가 생겨 호흡기능에 여러 가지 이상을 초래한다. 비만증과 폐포저환기가 합병되면 고도의 비만, 근육경축, 청색증, 주기성 무호흡, 속발성 다혈증, 우심비대, 우심부전을 나타낸다. 수면시 무호흡 증후군은 야간의 돌연사, 원인 불명의 부정맥, 우심부전, 폐고혈압의 원인이 된다. 이들은 상기도의 폐쇄에 의한 것, 호흡중추의 이상에 의한 것, 그리고 이 양자의 혼합형이 있다.

[3] 내분비 · 대사계

비만과 당뇨병의 합병이 많다는 것은 이미 잘 알려진 사실이다. 비만은 인슐린 저항성의 원인이 되고 내당능을 저하시킨다. 비만은 당뇨병의 최대의 위험인자의 하나이다.

그밖에 비만자에게는 통풍, 월경불순, 불임 등이 나타나고 고콜레스테롤혈증, 고중성지질 혈증, 저HDL-콜레스테롤혈증 등이 합병되는 경우가 많다.

7. 비만증을 치료하자!

[1] 식사요법이 가장 중요!

식사요법은 비만증 치료에 있어서 가장 기본이 되며 그 이론적 배경은 섭취열량을 제한함으로써 체내에 축적되어 있는 지방으로부터 필요한 열량을 공급받도록 한다는 것이다. 그러나 무조건 식사량을 줄이거나 단식을 하다 보면, 공복감을 이기지 못하여 갑자기 과식을 하거나 칼로리가 높은 군것질을 해서 오히려 살이 찌는 결과를 초래하기 때문이다. 그러므로 식사는 평소대로 하되 같은 양이라도 칼로리가 낮은 식품을 이용하고, 같은 식품이라도 칼로리가 낮은 조리법을 선택하는 것이 시속적인 다이어트를 할 수 있는 비결이다. 이처럼 칼로리를 낮추는 식사를 하다 보면 크게 노력하지 않아도 자연스럽게 살이 빠지는 효과를 볼 수 있다.

식사요법의 기본방침은 다음과 같다.

① 섭취 에너지량이 소비 에너지량을 초과하지 않도록 음의 에너지 균형으로 한다.

② 양질의 단백질을 충분히 공급한다.

③ Acidosis예방을 위하여 당질의 공급량이 부족하지 않도록 한다.

④ 지질의 양과 질을 적절히 한다.

⑤ 충분한 비타민과 무기질을 공급한다.

⑥ 한꺼번에 많은 양을 먹는 것 보다 제때 조금씩 먹는것이 효과적이다.

⑦ 오랜 기간 동안 꾸준히 실시하기 위한 각오와 실천이 필요하다.

2 열량은 어느 정도나 제한해야 하나?

저열량식을 할 때에는 하루 개인의 에너지 요구량의 1/4정도를 줄인다. 더 심한 열량제한은 안하는 것이 좋으며, 부득이한 경우에는 의사나 영양사의 도움을 받으면서 시행한다. 체지방 1g의 에너지 함량은 순수한 지방(1g=9 kcal)과 달리 약 7.780 kcal에 해당된다. 그러므로 한국인 성인 여자가 하루에 열량 필요량(2,000kcal)의 1/4에 해당되는 500 kcal씩을 줄여 먹었다고 하면(500 kcal × 30일 = 15,000 kcal를 줄여 먹음), 1개월 동안에 거의 2kg에 가까운 체중을 줄일 수 있다(15,000kcal ÷ 7,780kcal = 1.9 kg 체중 감소)는 계산이 나온다.

① 금식

금식을 하면 체지방과 체중의 감소가 너무 심하기 때문에 신체적인 활동이 급격히 둔화되고 운동능력이 크게 저하된다. 금식에 따른 흔한 증상은 근무력증이며 따라서 비만증의 치료로는 권장되지 않는다.

② 초저열량 식사

600~800kcal의 열량만을 공급하는 경우를 일컫는다. 이와 유사하지만 고단백질 식품 등을 사용하여 이상체중 1kg당 1.5kg의 단백질을 포함시키는 경우에는 protein-sparing modified fasts라고 한다. 초저열량 식사의 경우에 열량을 제한하지만 케톤산혈증 및 질소의 전해질 결손을 예방할 수 있는 탄수화물과 단백질, 필수지방산을 비롯한 소량의 지방 및 각종 비타민과 무기질을 포함해야 한다.

3 운동을 열심히 하자!

운동 처방에는 두 가지 주요 구성 요소들이 포함된다. 첫째는 식사조절자가 일상생활에서 많이 움직이도록 장려하는 것이다. 두 번째로는 격렬한 신체활동이 포함된 규칙적인 유산소운동(예 : 에어로빅, 수영, 걷기, 등산 등)을 하는 것이다.

건강이 허락하는 한 일주일에 세 번, 최소한 30분 정도 운동을 하며 어느 정도 적응이 되면 시간을 연장할 수 있다. 한시간 이내의 운동은 식욕을 오히려 감소시키지만 1시간 이상 운동을 하면 식욕이 증가한다. 또한 6시간 이상의 운동은 과로와 피로가 겹쳐서 식욕이 급격히 떨어지게 된다. 이러한 식욕감퇴는 카테콜아민의 증가와 운동시 상승하는 체온의 효과로 추정되고 있다.

운동의 강도가 높을수록 식욕이 더 감소되지만 비만인에서는 강도가 높은 운동보다는 낮은 운동이 좋은 것으로 알려져 있다. 운동을 시작하고 첫 6~8주 동안 체지방은 지속적으로 감소되면서 체지방량은 증가되기 때문에 체중은 별로 감소하지 않는다. 따라서 식사요법만 하는 것보다 체중감소는 적지만 체지방량의 증가로 체력이 호전되는 것이다.

4 생활습관을 바꾸자!

식습관을 전반적으로 검토하여 비만의 원인일 수도 있는 식습관을 인내로써 개선토록 하여야 한다. 행동수정의 첫 번째 단계는 불량한 섭취습관을 초래하는 요인을 찾아내기 위한 자기측정이 이루어져야 한다. 두 번째 단계에서는 과식을 피하기 위한 자극조절을 하게 된다. 세 번째 단계에서는 비만인이 바람직한 행동을 했을 때 이를 재인식하도록 해주는 것이다.

행동수정 요법만으로는 다른 치료들 보다 체중감소율이 더 높지는 않다. 그러나 행동수정의 중도 포기율은 20% 미만으로 다른 치료방법들에 비하여 상당히 적다. 따라서 감소된 체중을 장기간 유지하는 데에는 행동수정 요법이 중요한 역할을 하게 된다.

5 약물요법

(1) 식욕 억제제

비만증에서 식욕억제제의 사용은 약물의존성, 남용, 부작용 등에 대한 우려 때문에 논란이 있으며 과도한 식욕으로 적절한 식사 요법에 제한을 받거나 체중 감소가 시급한 경우에 많이 사용된다. 현재 사용 중인 식욕 억제제는 카테콜레아민계에 작용하는 약물과, 세로토닌계에 작용하는 약물이 있으며, 최근에는 특히 후자에 대한 관심이 증가하고 있다.

① **Dexfenfluramine** : 이 약물은 당질 소비에 대해 선택적 억제 작용을 가지고 있으며 특히, 복부형 비만증에서 더 많은 체중 감소를 보인다. 그러나 갑자기 중단하면 우울증이 생길 수 있다.

② **Fluoxetin** : 최근 국내에서 그 사용이 증가하고 있는 이 약물은 용량 의존적으로 체중감량 효과가 있으며 특히 당질섭취를 억제하기 때문에 혈당 조절 효과도 있다.

(2) 열생산 촉진제

열생산 촉진제로는 갑상선 호르몬, 에페트린, methylxanthines, 베타-아드레날린 작용제, 알파 2-아드레날린 길항제, 성장호르몬, leptin 등이 있다.

(3) 식품흡수 억제제

benzocaine이 소화기계에 국소적인 마취효과를 나타내는 특징을 이용하여 체중감량을 유도한 보고도 있다. 식이성 섬유는 소화기계어서 분해되지 않으며, threo-chlorocitric acid 유도체는 위배출을 억제하기 때문에 식욕이 증가된 비만인에게 포만감을 충족시켜 줄 수 있다.

cholestyramine과 diethylaminoethyl dextran은 장에서 담즙산과 결합하여 재흡수를 방해하기 때문에 비만증의 치료제로 시도되어 왔으나 소화기 부작용 때문에 그 사용이 제한되고 있다. tetrahydrolipostatin은 췌장 리파아제의 작용을 억제하며 neomycin은 장에서 지방의 흡수를 방해함으로써 고지혈증이 있는 환자의 감소된 체중을 유지하는데 사용된다.

6 수술요법

하악고정은 확실한 체중감소 효과가 있지만 고정을 제거하면 체중증가가 빠르게 일어날 수 있다. 공회장 후회술을 5%의 치사율과 수술 휴유증 때문에 비만증의 치료로 시행되는 경우는 드물다. 수직 위 축소술은 수평적 방법보다 효과가 좋은 것으로 알려져 있다.

라텍스 또는 실리콘으로 만들어진 위퐁선을 수축된 상태로 위에 넣고 확장시켜서 위용량을 기계적으로 감소시키는 방법도 시도될 수 있다. 그러나 위풍선이 터지는 경우도 있으며, 위궤양 출혈, 장폐쇄증 등의 부작용이 생길 수 있다.

지방 흡인은 미용시술이며 이로 인하여 지방색전증이 발생된 예가 보고되고 있다.

7 정신분석 요법

비만환자는 모든 내적인 자극을 배고픔으로 지각하고 있어 마음속에서 어떤 욕구가 일어날 때마다 먹는다. 환자는 먹는 행위를 포기하는 것과 체중이 빠지는 것을 상당히 고통스러워하며, 체중조절 우울증에 빠지기도 한다.

비만환자들은 스트레스하에서 과식을 한다. 그러므로 정신분석이 스트레스를 감소시켜 준다면 과식을 적게 할 것이고 결과적으로 조절된 체중을 그대로 유지하기가 쉬워진다. 정신분석 시에는 치료자가 적극적인 역할을 해 주고 눈에 띄는 행동반응을 해석해 주며, 꿈과 자학증, 방어 기전을 해석하고 보여준다. 분석가는 보조자아가 되어 주고 합리적 초자아가 되어 주어야 하며 해석은 권위 있고 확실하게 그리고 일관성 있게 해 주어야 한다. 또한 분석가는 아이를 잘 키우는 새로운 대상이 되어야 하며 그 들이 만족의 연기를 못하고 충동적으로 먹는 증상이 자아가 다른 것을 방어하기 위해서 라는 것을 알게 해 주어야 한다.

8. 여성이 더 살이 찌는 이유는?

[1] 여성 호르몬의 영향을 받는다.

남성 호르몬은 근육을 크게 하고 지방의 비율을 낮추는 역할을 하지만 여성 호르몬은 이와 반대의 작용을 한다. 사춘기 이전에는 남녀 모두 몸에서 지방이 차지하는 비율이 약 15%가 된다. 그런데 사춘기가 지나 성호르몬의 분비가 뚜렷해지면 남자는 10%로 낮아지고 여자는 22%로 높아진다. 특히 피임약은 그 자체가 여성 호르몬이기 때문에 이것을 복용하는 여성일수록 이런 경향은 더욱 뚜렷하다.

[2] 남자보다 근육이 적기 때문이다.

우리 몸에서 지방을 가장 많이 소비하는 것은 근육이다. 여성은 근육의 비율이 낮기 때문에 남자보다 훨신 적게 먹는데도 칼로리가 남게 되어 지방으로 축적되게 된다.

[3] 평소 음식과 친할 기회가 많다.

여성은 남성에 비해 간식을 자주 먹고 인스탄트 식품이나 패스트 푸드를 접할 기회가 많다. 더구나 주부는 언제나 음식과 가까이 생활하기 때문에 먹을 기회가 더 많아진다.

[4] 움직임이 적다.

여성은 남성에 비해 행동반경이 제한되어 있어서 활동량이 적고 운동할 기회도 적다. 따라서 칼로리를 소비할 기회가 그만큼 적다.

9. 다이어트를 시작해 보자!

많은 사람들이 건강, 몸매, 운동시합, 취직 등의 이유로 다이어트에 도전한다. 하지만 성공하는 사람은 많지 않다. 어느 날 갑자기 날씬해진 모습으로 나타나 주위를 놀라게 하는 경우도 종종 있지만 그리 길지 않은 시간이 지나서 성공이 수포로 돌아가는 경우가 많다. 그 이유는 목적 의식이 부족하고 다이어트에 관해 제대로 알지 못해서라고 본다.

하지만 다이어트를 통해서 얻어지는 소득은 너무 많다. 그렇다면 어떻게 다이어트를 해야 할까? 사람의 몸은 수분, 당질, 단백질, 지방으로 구성되어 있다. 이중에서 우리가 제거해야 하는 것이 지방인데, 단기간에 많은 효과를 얻을 수 있다고 주장하는 거의 모든 방법은 수분과 단백질을 빼는 방법이다. 그러나 지방은 결코 금방 빠지지 않는다. 대부분의 사람들은 극단적인 음식감량으로 살을 빼려 한다. 음식으로 인한 체중감소는 수분, 단백질, 지방의 순서로 감소된다. 그러므로 단기간 극단적인 절식이나 단식으로 체중을 감소시켰다고 하더라도 대부분 지방 감소는 미미한 반면, 수분과 단백질이 감소한 것이므로 식사를 정상적으로 하는 순간 이전보다 더욱 급격히 체중이 늘게 된다.

또한 지방이 빠졌다고 하더라도 지방의 세포 수가 감소한 것이 아니고 용적만 감소된 것이기 때문에, 그 이후에 더 심한 상태의 비만이 되는 것이 보통이다. 그러므로 다이어트는 다음의 3단계 과정을 꾸준히 밟아 나가야겠다.

1 다이어트 1단계

다이어트 첫 1~2주 동안으로 몸에서 일시적으로 물이 빠지는 단계이다. 체중이 눈에 띄게 줄어들기 때문에 살이 빠졌다고 착각하기 쉽다. 지방도 줄어들지만 그 양이 많지 않다. 몸에서 물이 빠져나가 기운이 없고 현기증이 일어날 수 있다. 따라서 물을 충분히 마시고 염분도 평소의 입맛대로 먹도록 한다. 당, 소금, 글리코겐 등은 몸에 수분을 붙잡아 놓는 성질이 있다. 다이어트를 하여 이것들이 줄어들면 인체의 수분함유 능력이 떨어져서 몸에서 물이 빠져나가게 된다. 특히 이뇨 작용이 강한 커피나 차를 마시게 되면 더 많은 수분이 몸에서 빠져나가게 되어 체중이 더욱 더 줄어든다.

일부 다이어트 교실에서 " 물을 적게 마실 것", "염분을 최대한 적게 섭취할 것", "블랙 커피나 차를 마실 것", "체중을 줄이는 한방약제를 먹을 것"을 권하는 경우가 있는데, 이런 방법들은 지방을 줄이는 것보다는 몸에서 물을 빼내는 효과를 기대하는 수단들이므로 살 빼는데 있어서 큰 의미는 없다. 따라서 건강과 좋은 컨디션을 유지하기 위해서 하루에 물은 1.5리터 이상 충분히 마시고 염분의 섭취도 하루 5그램 이상은 되도록 해야 한다. 살이 찔 때 물살이 먼저 찐 다음에 이것이 지방살로 변한다는 말은 의학적으로 근거가 없는 말이다.

또한 사우나에서 땀을 흘리고 나면 살이 빠진 것처럼 느낄 수도 있는데, 이것도 같은 맥락에서 설명할 수 있다. 즉 사우나를 하면 지방을 빼는 것이 아니라 수분을 빼는 것이므로 사우나를 해서 몸무게가 줄어든다는 것은 살이 빠지는 것은 아니라 수분이 땀으로 빠져나가는 일시적인 현상일 뿐이다. 그러나 적당한 사우나는 칼로리 소모와 더불어 피부의 혈액순환이 원활해지도록 하여 피부건강에 좋다. 반면 지나친 사우나는 땀을 많이 흘리기 때문에 수분과 미네랄 소모가 너무 커서 피하는게 좋다.

2 다이어트 2단계

다이어트 후 2주부터 수개월간으로 인체의 수분 손실의 속도가 현저히 줄어드는 단계이다. 지방이 줄어들고 몸에서 살이 빠진 상태를 눈으로 확인할 수 있다. 이때 근육 등 체지방 조직도 함께 줄어든다. 체지방 조직이 줄어들면 인체의 칼로리 소비 능력도 그 만큼 줄어드는데, 이 점은 다이어트 2단계에서 가장 중요한 내용이다. 이때는 자칫 건강이 상하기 쉬우므로 양은 줄이되 질적으로는 손색이 없도록 꼭 필요한 영양소를 골고루 섭취하여야 한다.

3 다이어트 3단계

일단 원하는 체중으로 살이 빠진 다음의 수개월에서 수년의 기간으로 빠진 체중을 안정되게 유지시키는 것이 중요하다. 인체는 현재 상태를 '영양분을 빼앗긴 상태'로 해석하고 그 동안 줄어 버린 지방조직을 원상태로 복구하려는 자기 방어적인 생리 현상을 일으킨다. 이것을 요요현상이라고 하는데, 이것은 다이어트를 시작하여 어느 정도 체중감량 후 다이어트를 중단한 경우에 원래의 체중 이상으로 체중이 다시 증가하는 현상이다.

요요현상이 나타나는 원인은 첫째, 기초대사량이 감소하기 때문인데 체중감량을 위해 식사량, 즉 칼로리 섭취량을 줄이게 되면 몸은 여기에 적응하기 위해 기초 대사량을 감소시켜 에너지 효율이 높은 상태가 되기 때문이다. 그러므로 다이어트 후에 다시 이전 수준의 식사량을 섭취하면 똑같은 양의 음식을 먹어도 기초 대사량이 이미 감소한 상태이기 때문에 몸은 칼로리가 과잉이라고 감지하고 체지방으로 축적하여 체중이 다시 증가하는 것이다.

둘째, 체중이 감소했다 할지라도 체내 지방세포의 수는 그대로 존재하며 언제든지 다시 이전의 지방이 가장 많았던 상태로 되돌아가고자 하기 때문이다. 그러므로 이 단계에서는 살빼기를 위한 다이어트에서 유지를 위한 다이어트로 전환하여 다이어트와 운동을 계속해야 한다.

다이어트를 시작하여 초기에 체중이 많이 줄다가 몸이 줄어든 칼로리 섭취량에 적응하여 기초 대사량이 감소되면 체중이 더 이상 줄지 않게 되는 시기가 온다. 이 시기 중에도 꾸준히 다이어트를 해나가면 다시 체중이 줄게 된다. 이를 일시적인 체중의 정체현상이라고 한다.

그러므로 일시적인 다이어트는 의미가 없고 장기간에 걸쳐 서서히 체중을 감량하고, 다이어트로 유발될 수 있는 기초대사량의 저하를 막기 위해서는 식사조절과 함께 꾸준한 운동요법을 병행하는 것이 바람직하다. 완전히 체중이 안정될 때까지는 적어도 2년 이상 걸리며 평생동안 계속한다는 생각을 가져야 한다.

10. 운동으로 지방을 연소시키자!

식이요법만으로는 주로 수분이나 근육 속의 단백질이 감소될 우려가 있는데 운동을 하면 주로 지방을 에너지원으로 활용하게 되므로 몸에 쌓인 지방량을 감소시키면서도 근육이 유지된다. 또한, 산소 운반능력을 증가시키고 좋은 지방인 HDL-콜레스테롤이 증가되며, 혈압 조절과 인슐린 민감도의 증가, 심폐기능 증가, 질 좋은 수면을 제공하여 심리적 스트레스 해소 등 체중 감량 이외에도 많은 좋은 효과가 있다.

지방은 체지방세포 안에서 일어나는 유산소 대사를 통해서 연소되어 소비되며 그 이외의 방법은 인체 내에서는 존재하지 않는다. 특히 지방은 체지방세포 내에서 산소에 연소되어야만 소비되므로 산소 소비가 많을수록 지방의 소비도 증가한다.

산소를 많이 소비하면서 지방을 효과적으로 태워 주는 운동을 유산소 운동이라고 하며 경쾌하고 리드미컬하면서 쉽게 지치지 않는 걷기, 조깅, 마라톤, 줄넘기, 사이클, 수영, 서키트 웨이트 트레이닝, 에어로빅 댄스, 리드미컬한 운동이나 춤 등이 바로 이런 운동이다. 반대로 순간적인 스피드나 힘을 요하는 격렬한 운동, 역도, 단거리 달리기 등은 산소를 소비하지 않는 무산소 운동이다. 이런 운동은 지방보다는 당을 연료로 사용하는 운동이다.

운동을 할 때 숨이 차고 맥박이 빨라지는 것은 근육에 필요한 산소, 지방, 당을 최대한 빨리 공급하기 위한 생리현상이다. 근육이 힘을 많이 쓸수록 보다 많은 지방과 산소를 공급하기 위해 심장의 박동은 빨라지게 된다. 따라서 운동의 강도가 강해질수록 맥박이 빨라지다가 최대의 운동강도에 이르면 더 이상 빨라지지 않는다. 이때의 맥박을 최대 맥박수라고 한다.

25세의 건강한 여성의 평상시 맥박수는 70~80회/분 정도 된다. 3분 동안 힘껏 달리기를 하게 되면 최대 맥박수에 도달하게 되는데 대략 1분에 약 195회 정도 된다. 이것이 그녀가 할 수 있는 운동의 최대강도이며 이때의 맥박이 바로 최대 맥박수가 된다.

이렇게 최대 강도로 운동을 했을 때는 지방 소비가 100% 증가한다. 그러나 강도를 너무 높여서 운동을 하게 되면 빨리 지쳐 버리므로 5분 이상 지속할 수가 없다. 지방을 효과적으로 줄이려면 자신의 운동능력의 70%정도의 수준으로 30분 이상 운동해 주는 것이 가장 이상적이다. 그러나 비만이 심하여 몸의 움직임이 둔한 사람은 처음 1~2개월 동안은 60% 정도의 수준으로 시작했다가 운동능력이 증가한 후에 70%를 유지하는 것이 바람직하다. 그리고 일단 70% 수준에 도달하면 운동시간을 서서히 늘리도록 한다.

(1) 최대 운동능력

최대맥박수 = 220 - 나이(년),

최대맥박수 직접측정 = 3분간 힘껏 달린 후에, 팔목에서 10초 동안의 맥박을 잰 다음 6을 곱함

(2) 운동강도의 70%로 운동

자신의 최대 맥박수 × 0.7

(3) 맥박수에 따른 지방 소비의 증가 비율

최대박동수의 50%로 운동할때	28% 증가
60%	42% 증가
70%	56% 증가
80%	70% 증가
90%	83% 증가
100%	100% 증가

(4) 지방을 연소시키기 위한 운동의 조건

- 운동의 강도는 최대 맥박수의 70%정도는 되어야 된다. 예를 들어 30세 여성이라면 심장이 1분에 133회 뛸 정도로 운동을 해야 한다. 그러나 처음부터 너무 강도를 높게 하여 금방 그만두지 않도록 한다.
- 운동의 횟수는 일주일에 최소 3~4회 이상은 되어야 한다.
- 일회 운동시에 적어도 300칼로리는 소비시켜야 한다. 조금씩 자주하는 운동은 지방을 연소키시는 효과가 경미하다.

- 일회 운동시에 최소한 30분 이상은 지속해야 한다. 운동을 처음 시작했을 때는 지방은 전혀 사용되지 않고 당만이 연료로 사용된다. 3분이 지나면 지방을 연소시키는 유산소 세포엔진이 작동을 시작하고 당 대신 지방을 연료로 사용하기 시작한다. 약 10분이 지나면 근육은 소비되는 연료의 95%를 지방으로 이용한다. 따라서 본격적으로 지방이 연소되기 시작하는 시간은 운동을 시작해서 10분 이후가 된다.

  지방을 충분히 연소시키기 위해 일회 운동시, 강도가 있는 운동의 경우는 최소한 30분, 그리고 강도가 낮은 운동은 40~60분 이상해야 한다. 그리고 횟수는 일주일에 4회 이상 되어야 확실한 체중감량의 효과가 있다.
- 유산소 운동이라야 한다. 일반적으로는 일상생활의 패턴에 큰 변화를 주지 않는 범위의 가벼운 유산소 운동을 하되 충격이 적으며 에너지 소모가 효과적인 운동을 선택하여 장기간 동안 하도록 한다. 달리기와 같이 운동 중에 두발이 지면에서 동시에 떨어지는 운동 등은 충격을 많이 주는 고충격 운동이고, 걷기와 같이 두발 중 한발만 지면에서 떨어지는 운동은 충격을 적게 주는 저충격 운동이므로 선택에 참고한다. 수영같은 운동은 충격을 전혀 주지 않는 무충격 운동이다. 에어로빅은 근육의 활동량을 높여 산소의 이용률을 증가시키며 심폐기능도 향상시킨다.
- 물은 충분히 마셔야 한다.
- 운동에 실증이 나지 않도록 몇 종목을 적절히 배합한다.

☞ **깜짝 미용상식!**

- 다리살을 빼기 위한 생활습관 -

- 엘리베이터, 에스컬레이터는 될 수 있는 대로 타지 말고 가벼운 기분으로 걷는다.
- 걸을 때의 걸음 폭은 넓게, 평소보다 빠른 속도로 걷는다.
- 전화를 걸때나 받을 때 발을 모아 똑바로 서서 받는다.
- 일 할 때나 전철 안에서 의자에 앉을 때는 무릎을 바짝 밀착시키고 앉는다.
- 음식의 양을 80%로 줄이고 간식을 끊는다.

11. 다이어트 할 때는 이렇게……!

* 비만의 부작용을 일목요연하게 정리하여 눈에 잘 띄는 곳에 부착해 두고 매일 읽거나 암기한다.
* 주위 사람들의 체중감소 성공담을 자주 듣는다.
* 매일 체중을 재서 그 수치를 기록해 둔다.
* 여성의 경우 스트레스가 쌓이지 않도록 한다.
* 체중 감소에 성공한 다음에는 비교적 비싼 옷을 체형에 맞게 맞추어 입도록 한다.
* 외식을 할 때 당사자의 식사량은 아예 준비하지 않거나 시키지 않고 다른 사람의 밥을 2~3 수저 덜어서 먹는다.
* 비만에 대한 자기 암시를 하여 비만을 극복하도록 한다.
* 실천 가능한 목표를 세우고 서서히 다이어트 해 나가되, 강한 마음가짐으로 실천한다.
* 식사는 중간에 잠시 쉬면서 천천히 먹는다.
* 먹는 동안 TV, 책읽기 등 다른 행동은 피하고, 작은 식기류를 사용한다.
* 음식을 먹고 난 후 바로 식탁에서 일어난다.
* 시장을 볼 때 메모를 하여 필요한 것만 사고 필요한 금액만 가져간다.
* 인스턴트 식품, 조리된 음식, 주문배달 등은 피한다.
* 모임에 가기 전에 무엇을 먹을지 계획을 세우고 너무 배고픈 시간에 가지 않는다.
* 가벼운 운동부터 점진적이고 규칙적으로 운동을 하되 매일 운동한 종목, 시간을 기록한다.
* 음식의 열량가, 올바른 영양지식을 익혀서 식사일지를 가능한 자세히 기록한다. (시간, 장소, 음식의 종류, 섭취량, 누구와 함께…등등)
* 음식은 한 장소에서만 먹되 음식은 눈앞에 보이지 않도록 둔다.
* 배고플 때 시장을 보지 않는다.
* 생각나는 대로하는 충동구매는 금물, 무엇을 사야 할지 리스트를 미리 작성한다. 인스턴트 식품이나 레토르트(retortable pouch) 식품들은 칼로리도 높을 뿐 아니라 먹는 습관을 부채질한다.
* 음식은 만들 때 기름을 사용하고, 곁들이가 많은 음식은 칼로리가 높아지기 쉬우니 피한다.

* 큰 접시에 담다 보면 웬지 음식이 적어 보인다. 작은 그릇에 가득히 담는 쪽이 바람직하다. 한 접시에 여러 가지의 음식을 담지 않는다.
* 음식을 먹을 때 자기 생활 리듬에 맞추어 식사 스케줄을 잡는다. 바쁠 때를 대비해 두지 않으면 인스턴트 식품이나 과자로 식사를 대신하기 쉽다.
* 한입 정도는 남긴다.
* 식사시간을 길게 잡지 않는다. 식사시간이 길면 먹는 양도 늘어나고 옆 사람이 먹는 것도 왠지 맛있어 보인다.
* 적당한 양만 꼭꼭 씹어 먹는다.
* 스트레스는 다이어트의 적이다. 노래방에서 노래를 불러도 좋고, 수다를 떨어도 좋고 오락을 해도 좋다. 쇼핑, 영화감상, 잠 등 적당한 방법으로 스트레스를 풀어 정신건강을 지키자.
* 짧은 시간이라도 필요한 시간에 달게 잔다. 따뜻한 물에 목욕을 하고 신진대사가 활발한 밤 10시부터 잠자리에 들도록 한다.
* 이상적인 몸매는 식사에 좌우된다. 음식물 섭취가 줄어들면 확실히 살은 빠지지만 영양부족으로 여러 가지 병을 일으키게 된다. 비정상적인 다이어트 후 가슴은 늘어지고 피부는 윤기와 탄력을 잃고 위장병이 생기기 쉽다. 과식하지 않고 편식하지 않고 규칙적인 식사습관을 가지면 비만을 염려할 필요가 없다. 기쁜 마음으로 적당히 먹는 것이 무엇보다 중요하다.
* 사소한 버릇이 몸을 망가뜨린다. 등을 구부리고 앉는 버릇, 테이블에 팔꿈치를 괴는 버릇, 다리를 꼬고 한쪽으로 기대앉는 버릇 등 비뚤어진 자세는 다리근육이나 척추모양을 변형시킨다.
* 갑작스러운 운동은 근육에 무리가 가서 경련을 일으키므로 건강에 좋지 않다. 운동은 20분이상 계속하지 않으면 축적된 지방이 연소되지 않으므로 별 효과가 없으므로 가벼운 조깅이나 스트레칭 체조 같은 운동을 일주일에 3회 이상 꾸준히 하고 습관을 가지면 좋다.

12. 다이어트 식사요령 10계명

1) 내 손으로 요리를 한다.

~ 기름, 설탕, 조미료 양을 줄인다.

2) 흰쌀 대신 잡곡을 먹는다.

~ 현미나 잡곡은 섬유질과 영양소가 풍부해서 쉽게 만족감이 온다.

3) 접시에 상추 등으로 장식을 한다.

~ 똑같은 재료라도 크게 썰고 장식을 하면 조금 먹어도 많이 먹은 느낌이 든다.

4) 식사 전에 물이나 국물을 마신다. 배가 불러 음식 섭취량이 줄어든다.

5) 밥 대신 국수를 즐겨라.

~ 칼로리는 적은 대신 만복감이 빨리 온다.

6) 주방에 계량기를 둔다.

7) 코팅된 프라이팬을 사용한다.

~ 기름을 적게 넣어도 눌러 붙지 않는다.

8) 개인 접시를 사용한다.

~ 여럿이 같이 식사할 때 먹을 만큼만 담아 먹도록 한다.

9) 접시 수를 늘린다.

~ 반찬 수 만큼 작은 접시를 준비해 정해진 양만 먹으면 과식을 줄일 수 있다.

10) 양치질을 자주 한다.

~ 조금 더 먹었으면 하는 아쉬움은 양치질로 씻어 버린다.

☞ **알아보자! 영양상식**

음식에 따라 식욕도 다르다(?)

우리는 고기를 실컷 먹었는데도 단지 쌀밥 한 그릇이 빠진 이유로 무언지 허전함을 느끼곤 한다. 또 고기를 실컷 먹고 나도 2~3시간 지나면 다시 허기를 느껴서 간식을 찾는다. 사실 하루쯤 굶어도 남아도는 열량을 충분히 섭취했는데도 사정은 마찬가지이다. 왜 이러한 일이 생기는 것일까?

우선 만복중추가 포만감을 느끼는 상황은 혈액 내의 당 성분이 증가하는 경우이다. 당은 곧 탄수화물이다. 그러므로 우선 식사의 메뉴를 선택할 때, 탄수화물의 적당량 흡수가 만복중추의 활동을 활발하게 한다는 사실을 알게 되었을 것이다. 우리가 아무리 고기를 많이 먹어도 허전한 느낌을 받게 되는 이유는 우리 나라 사람들만의 습관이어서가 아니라 바로 탄수화물의 흡수가 부족해서 오는 현상 때문이다. 자꾸만 먹는데도 불구하고 계속 늘어만 가는 식욕을 조절하기 위해서는 식사할 때 반드시 쌀밥 반 그릇 이상이 필요하다는 사실을 이해해야 한다. 이것이 만복중추를 만족시키고 식욕이 일어나지 않게 하는 첫 번째 관문이다.

반드시 탄수화물이 적당량 들어 있는 밥을 먹어야 하며, 고기는 가급적 억제해야 만이 비로소 적게 먹어도 식욕을 조절할 수 있게 된다.

13. 다이어트! 잘못하면 부작용을 초래한다.

다이어트가 비만에 대한 올바른 이해나 자신의 비만도, 비만의 원인, 다이어트의 필요성에 대한 정확한 지식이 수반되지 않은 '누구누구만큼 날씬해지기 위한 무작정 살 빼기' 인 경우 하나를 얻기 위해 전부를 잃을 수도 있다는 것을 명심해야 한다. 더욱이 다이어트에 관한 정보와 광고가 난무하고 있는 현실 속에서 잘못된 지식을 무분별하게 받아들인다면 이른바 다이어트 부작용 또는 다이어트 장애가 생길 수 있는 것이다.

다이어트를 최단시간에 최소의 노력으로 최대의 효과를 얻으려는 편법으로 생각해서는 절대로 안 된다. 아주 기본적이면서도 절대적인 다이어트의 원칙 내지 방법은 자신의 비만도에 따른 적절한 식사조절과 자신의 체력에 적합한 운동을 핵심으로 잘못되어 있었던 식습관과 생활습관을 점차적으로 수정해 나가는 것이다. 또한 비만의 원인이 개인에 따라 다양하고 복잡하므로 다이어트 방법도 자신의 특성 즉, 성별, 연령, 건강상태, 체질, 체형, 라이프 스타일 등에 적합한 방법을 선택하는 것이 무엇보다 중요하다.

다음은 잘못된 다이어트로 생길 수 있는 부작용들이다.

1 거식 또는 폭식 증후군

소위 식이장애로 체중, 몸매에 병적인 집착을 보이거나 음식에 대해 비정상적인 행동을 보이는 일종의 정신질환이다. 즉, 과체중내지 비만에 대한 두려움이 강하여 먹지 않거나, 먹어도 스스로 토해 내거나 설사제, 이뇨제 등을 복용하기도 하며, 또는 그 반동으로 마구 먹는다든지 하는 증상을 보인다. 환자의 대부분이 사춘기나 젊은 여성이며, 현재 우리 나라의 식이장애 발병율은 20대 여성의 0.7~0.8%로 추정된다.

식이장애는 크게 3가지 유형이 있는데 신경성 식욕부진증, 신경성 대식증, 폭식증 등이다. 신경성 식욕부진증은 흔히 거식증이라고 말하는 것으로 객관적으로 말랐음에도 자신은 살이 쪘다고 생각하여 식사를 거의 하지 않는 증세이고, 신경성 대식증은 자신의 식습관이 잘못되었다는 것을 알면서도 습관적으로 폭식하고 그 다음에는 자책감에 빠져 이를 제거하기 위한 행동으로 설사제나 이뇨제, 관장 등을 하는 증세이며, 폭식증은 습관적으로 스트레스를 먹는 것으로 해소하려는 경우로 살찐 사람에게 흔히 나타나는데, 폭식이 반복적이고 신경성 대식증과는 달리 폭식 후 제거 행동이 없다는 점이 다르다.

이러한 증상이 계속 되면 체중이 비정상적으로 감소하고 심장장애 등 각종 신체적 합병증이나 정신질환으로 이어지기 쉬우며 극단적인 경우 극심한 영양 부족으로 사망에 이르기도 한다.

[2] 빈혈

영양적으로 균형있는 식사를 하지 않음으로 인해 발생한다. 특히 식사량을 지나치게 줄이거나 특정 식품만을 장기간 섭취함으로써 철분섭취량이 부족하게 되면 영양실조증인 빈혈이 나타날 수 있다.

[3] 생리불순

영양실조에서 빈혈로 이어지다가 영양부족 상태가 더 계속되면 생리불순까지 될 수 있다. 심한 경우 생리가 완전히 없어져 불임의 원인이 될 수 있다는 것에 주의해야 한다.

[4] 골다공증

골다공증이란 뼈의 화학적 조성에는 변화가 없으나 뼈의 밀도가 감소하여 쉽게 골절되는 증상이다. 여성의 경우 폐경 이후 가장 많이 나타나나 극단적인 다이어트로 칼슘 등의 영양소의 섭취량이 부족되고 운동량까지 부족되면 뼈를 만드는 조골세포의 기능이 저하되고 뼈속의 칼슘 등이 빠져 나와 뼈의 약화로 20, 30대에서도 골다공증이 생길 수 있다.

[5] 피부와 모발의 트러블

무리한 감량으로 피부 광택이 없어지기도 하고, 머릿결이 탄력을 잃어 끊어지거나 손톱이 갈라지거나 변형되는 등의 증세가 생길 수 있다. 우리 몸은 생명을 유지하기 위해서 어느 정도의 칼로리와 영양소가 필요하기 때문에 장기간 무리한 다이어트를 하면 안된다.

일단 식사 제한을 하더라도 하루에 필요한 최소 칼로리나 제1군부터 5군까지의 영양소를 골고루 보급해 주지 않으면 건강을 해치게 된다. 피부를 아름답게 해준다는 기능성 화장품이 나와 있기도 하지만 피부로부터 흡수되는 영양은 거의 없다.

14. 다이어트를 위한 운동! 이런 점에 주의하자.

건강에 대한 관심이 날로 증가하면서 에어로빅이나 수영 등 각종 운동을 즐기는 사람들이 많아지고 있다. 운동을 하면 심신이 상쾌해질 뿐만 아니라 몸매도 날씬하게 가꿀 수 있는 이중효과가 있다. 그리고 규칙적인 운동은 근육을 단련시키고 피부결이나 피부색도 한결 윤택하게 하는 걸 느끼게 된다.

하지만 무조건 운동을 한다고 해서 뭐든지 다 좋아지는 것일까? 반드시 그렇다고 만은 할 수 없다. 운동이 피부에 미치는 부정적인 영향에 대해서도 반드시 생각해야 할 것이다. 어떤 운동을 하든지 간에 햇빛이나 바람, 물, 열, 추위와 같은 외부 환경 요소에 의해 자극을 받게 된다. 이 때문에 상처가 나기도 하고, 또 타박상을 입기도 한다. 예를 들어 조깅을 즐기는 사람들은 상처가 나거나 마찰에 의해 자극을 받기도 한다. 그리고 사이클을 즐기는 사람들은 엉덩이와 무릎에 심한 자극을 받기도 한다.

운동에 열광적인 사람들은 고통 없이는 아무 것도 얻을 수 없다고 생각할지도 모른다. 하지만 적절한 운동 효과를 얻기 위해서는 몸과 피부를 너무 무리하게 혹사시켜서는 안 된다. 몸에 무리가 가지 않으면서 항상 표준 정도로 할 수 있는 운동을 오랫동안 꾸준히 하는 것이 가장 이상적이라고 하겠다. 아울러 운동을 열심히 하면서도 피부를 보호할 수 있는 방법을 함께 생각해 주는 것이 중요하다.

운동을 규칙적으로 하는 사람이라면 특별히 햇빛으로부터 피부를 보호할 수 있는 적절한 자외선 차단제나 보습제(로션이나 크림)를 사용해야 한다. 예를 들어 염소 처리된(소독) 수영장에서 수영을 즐기는 경우라면, 수영 후에 모이스처라이저(바디 로션, 크림)를 발라 주어 피부를 보호해야 한다. 염소가 피부에 닿으면 피부는 매우 건조해지거나 자극이 일어날 수 있기 때문이다. 그러므로 수영장에서 나온 후에는 즉시 수돗물로 온몸을 깨끗이 씻고 피부가 촉촉한 상태에서 모이스처라이저를 바른다.

스키를 탈 때는 항상 자외선 차단제를 사용하여 피부를 보호해 주고 살결이 트지 않도록 해야 한다. 스키장에서는 눈에서 반사되는 햇빛(자외선)으로 인해 기미, 주근깨와 같은 피부 문제가 일어 날 수 있다. 여름철 해수욕장에서 보다 피부 문제가 더 많이 발생할 수 있다는 점을 잊지 말아야 한다.

골프를 하는 경우에도 거친 바람과 햇빛에 의해 피부가 손상되기 쉬우며 기미, 주근깨, 검버섯이 생기거나 악화되므로 햇빛을 차단하는 노력을 소홀히 해서는 안된다. 더운 날씨에는 가볍고 헐렁한 운동복이 좋으며, 땀이 잘 발산되도록 면제품을 착용해야 하고 합성제품은 피하도록 한다. 합성제품으로 만든 운동복을 입으면 피부가 제대로 숨을 쉴 수 없기 때문이다.

또한 운동한 후에는 운동복을 매번 세탁해서 세균이 번식하거나 냄새가 나지 않도록 해야 한다. 몸은 순한 비누로 씻어야 하며, 강한 알칼리성 비누는 피해야 한다. 옷을 세탁할 때도 합성 세제나 섬유 유연제를 사용하지 않는 것이 피부의 보호라는 측면에서는 바람직하겠다. 세제 성분이 옷에 남아 있으면 운동을 할 때에 땀에 배어 피부를 자극시킬 수가 있는 것이다.

운동을 하기 전에는 메이크업을 지우고 장신구는 착용하지 않는 것이 좋다. 특히 에어로빅과 같은 운동을 할 때는 오일(기름) 성분의 메이크업을 지우지 않으면 땀이 밖으로 발산되지 않으며, 운동을 심하게 할 경우에는 체온 조절이 되지 않는다.

운동을 할 때 장신구를 착용하면 피부에 알레르기 반응이나 자극이 일어날 수 있다. 대부분 장신구(버클과 팔찌)는 값비싼 제품이라도 정도의 차이는 있을지 모르지만 알레르기 반응이 일어날 수도 있다.

운동을 하면 알레르기 반응이 나타나는 사람도 있다. 사람에 따라 가려움증이 일어나거나, 두드러기가 나타나고 숨을 헐떡거리거나 혈압이 갑자기 떨어지기도 한다.

이와 같은 증상이 있는 사람들의 경우, 운동을 하게 되면 운동 자체나 체열에 의해 증상이 심해질 수도 있으므로 반드시 전문가의 검사와 상담을 받는 것이 필요하겠다.

15. 임신에 따른 비만! 그 해결책은 없을까?

1 임신 중 표준체중 관리와 출산 후 수유로 인한 체중감소

출산 후 체중감량을 위해서는 임신 초기부터 적당한 식사와 운동으로 체중

관리를 해야 한다. 몸매 유지뿐 아니라 임신중 발생하는 비만은 산모와 태아의 이환율과 사망률 증가와 관련이 있다는 사실은 널리 알려져 있다.

임신시 권장되는 체중 증가는 태아(3.39Kg), 태반(0.68Kg), 양수(0.9Kg), 자궁(1.13Kg), 유선(0.45Kg), 산모의 혈액량 증가(1.5Kg), 간질액(1.13Kg) 그리고 산모의 지방저장(2.27~3.62Kg)으로 인한 필수적인 증가로부터 계산된다. 따라서 임신 전에 정상 체중인 여성에 대해 임신시 체중증가에 대한 최근의 권장은 나라에 따라 약간 다르지만 11.3Kg~15.8Kg의 증가가 기대된다.

따라서 산모와 태아의 건강에 필요한 적절한 체중증가는 6.80~11.3Kg가 일반적으로 인정된다. 비만하지 않은 최소한의 체중증가만 있어도 태아의 성장은 방해를 받지 않으며 태아의 결과도 악영향을 받지는 않는다.

비만은 다리 근육을 긴장시키고, 당뇨병, 고혈압(임신중독증)을 유발시킬 수 있으며, 출산시 난산이 될 우려가 있기 때문이다. 중요한 것은 산모는 자신과 아기를 위해 먹는다고 생각해야지, 두 사람 몫을 생각해서 평상시 섭취하는 것보다 배로 먹어야 하는 것은 아니라는 사실이다. 특히 태아의 성장 발육에 요구되는 단백질과 칼슘, 철분 및 비타민이 풍부한 음식물을 충분히 섭취하고 염분(고혈압 상승→임신중독증)을 억제하는 균형있는 식사가 중요하다.

임신 중 축적된 지방은 태아가 엄마 뱃속에 있는 동안 태아에게 줄 영양분으로 이용되고 일부는 출산 후 모유 수유에 이용된다. 따라서 모체에 축적된 지방은 태아의 건강을 유지하는데 매우 중요하다.

임신을 했는데 체중이 충분히 증가하지 않은 산모는 저체중아를 출산할 확률이 훨씬 높으며, 저체중아는 각종 질병에 걸리기 쉽고 성장장애를 보일 가능성이 높다.

그러므로 임신 전에 비해 많이 먹어야 할 것은 열량이 높지 않고 단백질, 비타민, 미네랄이 많이 든 식품, 양보다는 질 높은 식사를 하는 것이 좋다.

임신과 동시에 모체 내에는 호르몬의 변화가 일어나 지방 축적이 증가하기 시작하며, 출산 후에는 호르몬이 다시 변하여 지방이 소모되기 시작한다. 출산 후의 체중 감소는 개인차가 심하다. 출산 직후 태아의 무게 이외에도 부기가 빠지고 태반과 양수가 나오면서 약 6kg 정도의 체중이 빠진다. 나머지 체중 감소는 모유 수유를 하는 동안 지방이 소모되면서 일어난다.

특히 모유 수유로 인해 500~1,000kcal의 추가 열량이 소모되며, 이 열량은 주로 모체의 허벅지와 엉덩이에 축적되어 있던 지방이 분해되어 충당된다. 게다가 모유 수유가 유두를 자극하면 자궁이 수축되면서 복부근육 등이 탄력 있게 회복된다.

이처럼 모유 수유는 산모가 이전의 몸매를 회복하는데 큰 기여를 하게 된다. 모유 수유와 관련된 한 연구에 따르면, 모유를 먹이는 산모는 분유를 먹이는 산모에 비해 출산 후 6개월에는 약 3kg, 출산 후 1년에는 약 3.5kg 더 가볍다고 한다. 사실 1~2자녀를 낳은 여성의 경우는 임신으로 인해 체형에 큰 변화는 없다. 오히려 같은 나이인 경우 1~2 자녀를 낳은 여성이 출산한 적이 없는 여성보다도 평균적으로 더 날씬하다고 한다.

2 임신중 비만으로 생기는 문제들을 알아보자!

(1) 임신 중독증

고혈압, 단백뇨, 부종을 주 증상으로 하는 이 병은 태아의 발육 부전이나 조산을 일으킬 수 있으며 태아의 태내사망률 뿐 아니라 태반 조기박리 등의 합병증을 일으킬 수 있으며 산모에게도 위험을 초래할 수도 있다.

(2) 임신성 당뇨병

임신 중에 당뇨병에 이환되면 산모나 태아 모두 위험에 빠질 수 있다. 태아는 거대아나 기형아가 될 가능성이 높아지며, 가족 중에 당뇨병이 있거나 25세 이상의 산모, 과다체중인 산모들에게는 반드시 임신성 당뇨병에 대한 선별 검사를 하여 조기 진단을 하여야 한다. 또한 예전에 원인 불명의 사산이나 기형아 출산을 한 경우, 또는 4Kg 이상의 거대아를 낳은 적이 있는 경우에는 임신성 당뇨병 발생이 높기 때문에 주의 깊은 검사가 필요하다.

(3) 제왕절개 가능성의 증가

15kg 이상 체중이 증가한 임산부의 1/3이 제왕절개를 한다. 임신중 비만으로 산모에 지방이 많이 끼거나 하면 난산의 가능성이 높아 산모와 태아의 건강을 위해 제왕절개 할 가능성이 높아진다.

(4) 분만시 출혈과다

비만한 산모의 경우에 제왕절개를 할 때에는 당연히 절개부위가 깊고 크므로 출혈이 과다할 수 있으며, 자연 분만에서도 전체 체액량이 많기 때문에 과다한 출혈이 있을 수 있다.

(5) 지연분만

비만한 산모의 경우에는 분만이 지연되기도 한다. 체지방의 과다로 인한 근육량의 상대적 감소나 산도의 협착 등이 원인이 되기도 한다.

(6) 고지혈증

고지혈증 산모의 경우 혈압이 높고, 혈전증 등의 급성 질환으로 출산 시에 위험을 초래할 수 있다.

3 출산 후 성공적인 다이어트를 위해서…….

분만 직후 임신 전보다 체중이 늘어나는 여성이 많다. 임신할 때마다 체중이 늘어나는 경우도 있는데 출산 직후 분만 전 체중을 되찾는게 중요하다. 그렇지만 분만 직후 심한 다이어트로 건강을 잃게 되면 젖을 먹이는 데도 문제가 된다. 몸에 꼭 필요한 영양소를 섭취하여 젖이 잘 나오도록 도우며 다이어트에도 효과적인 음식을 섭취하는게 포인트이다.

출산 후 다이어트를 위해서는 우선 목표 체중을 설정한다.

[(키(cm)-100)×0.9 = 정상체중(kg)(이 수치에서 ±10%이내가 정상 체중)] 공식에 의해 정상체중을 산출한 후 목표체중을 설정, 감량에 들어간다. 처녀 시절처럼 허리가 잘록 들어간 옷을 입은 자신의 모습을 상상하면 한결 마음이 가벼워질 것이다. 남편의 협조를 구하는 것도 잊지 말 것.

끼니를 거르지 말고 세 끼니와 간식을 규칙적으로 먹는다. 허겁지겁 서서 먹거나 가족들이 남긴 것을 먹어 치우는 등의 행동은 삼가며, 혼자 먹을 때에도 예쁜 그릇에 담아 분위기 있는 식탁에서 천천히 먹는다. 간식은 오전 10시와 오후 2시경에 생채소, 저지방 우유나 요구르트, 약간의 과일(사과 반개나 딸기 15개 등), 땅콩(12알), 해바라기씨(1큰술)중에서 선택하여 먹는다.

섬유질이 풍부한 자연식품(현미잡곡, 채소, 두류, 해조류 등)을 위주로 한 한국식 음식을 먹는다. 이것은 변비를 막아 아랫배에 살이 찌는 것을 방지하고 다이어트에도 도움이 된다. 또한 단백질 섭취를 위해 두부나 생선을 매 끼니마다 곁들이고 고깃국물이나 잉어를 고아 먹기도 한다. 단백질은 모유의 질을 좌우한다. 그리고 철분의 흡수를 도와주는 굴이나 시금치, 호박을 많이 먹고 간을 함께 섭취하는 것이 좋다.

과일주스나 우유, 물을 많이 마시는 것도 다이어트에 좋다. 흰쌀이나 설탕은 인슐린의 과다분비를 초래하기 쉬운데 그럴 때 지방세포가 자극되어 열리고, 같이 먹은 지방은 바로 그 속으로 들어가 축적되므로 비만의 원인이 된다.

산후 건강을 해치면서 다이어트에도 치명적인 식품들이 있다. 달짝지근한 간식이 대표적이다. 과자나 케이크, 통조림이 그것인데 영양분이 없으면서 당도가 높아 비만의 원인이 된다. 시중에서 판매하는 주스나 청량음료도 피해야 할 식품이다. 짠 음식은 밥을 많이 먹게 하므로 다이어트에 치명적이다. 간이 부족하다 싶을 정도로 싱겁게 조리해 먹는게 좋다.

또한 같은 음식이라도 튀기거나 볶아서 조리하기보다는 가능한 찌거나 구어서 먹는게 바람직하다. 커피같이 카페인이 함유된 음료도 인슐린 분비를 자극하므로 가급적 먹지 않도록 한다. 볶거나 튀기는 대신 찌고, 굽고, 데치는 요리를 주로 만든다.

외식 시에는 기름기 있는 음식을 피하고 채소가 많이 함유된 메뉴를 선택하고, 대개의 경우 흰밥이므로 최소한으로(1/2공기 이하) 줄여 먹는다. 물은 기상 직후와 식사 사이에 하루 6~8컵 정도 마신다. 물먹기를 게을리 하면 지방이 연소된 자리에 물이 저축될 수 있다.

저녁은 되도록 가볍게 일찍 먹고 취침 2~3시간 전부터는 물 이외에는 먹지 않는다. 배고픈 상태로 쇼핑가지 않는다. 스트레스를 먹는 것으로 푸는 것은 금물이다. 목욕, 아기에게 노래불러 주기, 심호흡, 음악듣기 등으로 해소한다.

매일 아기가 자는 시간을 이용해 빨리 제자리 걷기나 실내 자전거 타기를 매일 총 1시간 정도 한다. 아기가 외출할 수 있을 때는 유모차를 밀며 산책한다. 영양사의 칼로리 처방을 받을 때 모자라기 쉬운 미량영양소를 파악하여 알맞은 건강보조식품으로 보충하는 것이 좋다. 표준체중도달 후에는 밥의 양을 조금 더 늘리고 올바른 식품선택과 적당량의 섭취, 운동의 생활화를 실천하면 항상 건강하고 날씬한 엄마가 될 수 있다.

4 출산 후 복부 비만! 원인을 알고 대처하자.

(1) 출산 후에 뱃살이 찌는 이유는?

임신을 하면 점차적으로 커 가는 태아를 보호하기 위하여 복부에 지방이 쌓이면서 복부 근육이 팽창되고 피부가 늘어나게 된다. 몸이 건강하던 사람도 출산 후 자연 분만이나 제왕절개 수술로 몸이 약해지거나 복부 근육이 약해져 복부 혈액순환과 지방 대사 순환의 기능이 떨어지면 팽창된 근육과 많아진 지방이 빨리 정상으로 되돌아가지 못하여 복부 비만이 된다.

평소 몸이 건강하고 근육과 피부의 탄력성이 좋으며 복부 혈액순환이 잘되는 사람은 임신 시 불어났던 배가 출산 후 정상으로 되돌아오는 시기도 빠르며 산후 복부 비만이 될 가능성도 낮다. 하지만 몸이 건강하지 못하고 근육과 피부의 탄력성도 낮으면서, 복부 혈액순환과 지방 대사 순환이 잘 되지 않는 사람의 경우는 산후 복부 비만이 되기 쉬우며 몸의 상태에 따라 복부 비만의 정도도 다르다.

또한 생활 패턴도 관계가 있는데 출산 후 아이 때문에 운동을 전혀 하지 않거나 몸이 힘들어 게을러지거나 하면 복부 비만이 되기 쉽다. 임신 때도 적당한 운동으로 복부 혈액순환과 지방 대사가 잘 이루어지도록 노력을 해야 하고, 출산 후에는 더욱 몸을 관리하도록 하여야 한다.

(2) 출산 후 복부 비만 예방방법은 무엇입니까?

출산 후 복부 비만을 예방하려면 결혼 전부터 노력을 해야 한다. 평소 복부 혈액순환과 지방 대사 순환이 잘되도록 몸을 건강하게 만들고 변비나 소화기 장애 등이 없도록 몸 관리를 잘한다면 출산 후 복부 비만에 대한 걱정은 안 해도 된다. 그러므로 출산 후 복부 비만이 되는 구체적인 이유는 복부의 혈액순환과 지방 대사 순환이 잘 안 되는 경우로 변비나 소화기 장애가 있는 사람은 복부 비만의 확률이 높아진다. 평소 몸이 무겁거나 임신 전부터 복부에 지방이 많았거나 운동을 전혀 하지 않은 사람은 모두 복부 비만이 되는 이유가 된다.

(3) 제왕절개와 자연 분만에 따른 복부 비만 정도

제왕절개를 하면 복부의 혈액순환과 지방 대사에 장애가 생기기 때문에 아무래도 자연 분만을 한 경우보다는 복부 비만 정도가 높다. 하지만 자연 분만이라고 하더라도 위에 제시한 복부 비만이 되는 조건이 있다면 복부 비만 정도는 심해진다.

제 6 장 기호식품과 건강미용

1. 알코올과 건강

알코올의 발견은 원숭이가 바위틈에 저장해 두었던 과실이 발효된 것을 우연히 마셔본 것이었다고 한다. 이렇게 발견된 알코올은 15세기 무렵부터 증류법의 발달로 농도가 높은 알코올의 생산이 가능하게 됨에 따라 알코올 중독자가 나타나게 되는 등 현대인의 건강을 위협하는 존재로 대두되고 있다.

알코올은 1g당 7.1kcal의 높은 열량을 내지만 열량 이외의 다른 영양소는 거의 없어 술만 마시면 영양의 불균형을 초래하기 쉽다. 또한 장기간에 걸친 음주는 중추신경계의 여러 기능들의 만성적 변화를 초래하여 신경계통에 영향을 미치고 정신활동에도 지장을 주어 기억력, 집중력, 판단력이 떨어짐은 물론 상황판단 능력이 둔화된다. 만성적 음주시에는 뇌조직 자체가 알코올에 의해 직접적으로 손상을 받아 생기는 증상으로 수년에 걸쳐 서서히 백치가 되어 가는 알코올성 치매 현상과 성격장애가 생기게 된다.

그러나 술은 인간에게 있어서 중요한 기호품의 하나이며, 적당량을 마시게 되면 정신적 해방감과 함께 스트레스 해소에 도움을 주고 혈액순환을 좋아지게 하기도 한다. 여기서 적당량이라 함은 일반적으로 순 알코올량으로 환산해서 약 20-40g/day정도라고 할 수 있는데, 알코올 20g은 맥주 한 병, 청주 한 홉에 들어 있는 알코올 량과 같다. 그러나 알코올의 영향은 사람마다 개인차가 있으며, 식사를 어떻게 하느냐에 따라서도 다르게 나타난다고 볼 수 있다.

한편, 알코올에 대한 신체 반응에서 같은 양을 마셨을 때 여성이 남성보다 혈중농도가 훨씬 높게 나타나는데, 이는 남성에 비해 여성이 체내 수분함량이 낮아 희석시키는 정도가 낮기 때문이다. 특히 여성의 만성적 음주는 각종 비타민과 무기질 및 단백질의 결핍 이외에도 술 자체의 독성 때문에 난소기능이 약해져 무월경, 불임증이 올 수 있고, 일단 임신 후에도 자연유산이 되기 쉽다.

이러한 이유 때문에 임신기간 중의 알코올 남용은 신체적 기형아나 미숙아 출산과 관련되며, 특히 임신 전의 알코올 중독자는 임신기간 동안 금주를 해도 미숙아의 출산이 불가피 하다. 그러므로 가임기 여성의 음주율이 증가하고 있는 현 시점에서 심각한 문제가 아닐 수 없다.

1 여자 그리고 알코올!

유교적 가치를 소중하게 생각해 온 우리 사회는 전통적으로 여성의 음주를 금기시 해왔다. 술을 마시는 여성을 곱지 않은 시선으로 바라보고 '천한'사람으로 매도하기도 하였다. 그러나 시대가 바뀌면서 이러한 유교적 통념도 허물어지고 있고, 여성의 음주를 '그리 특별한 것이 없는' 평범한 일로 여기는 풍조가 넓게 자리를 잡아가고 있다.

한 광고 회사에서 조사한 자료에 따르면 우리 나라 여성 가운데 55% 가 '술을 마신다'고 응답했으며 날마다 술을 마신다는 상습 음주자의 비율도 전체 응답자의 5%를 차지하고 있는 것으로 나타났다.

(표 6-1) 주된 주류의 알코올 농도와 허용 한계치

주류명	농도(%)	1온스당알코올 함량(g)	허용 한계치(cc)		
			50kg B.W	70kg B.W	90kg B.W
맥주(Beer)	4	0.9	1020	1360	1710
포도주(Wine)	12-19	2.7-4.3	340	454	568
	6-9	1.4-2.0	680	906	1140
청주	15-20	3.4-4.5	272	363	456
소주	20-45	4.5-10.2	163	217	274
위스키(Whiskey)	40-45	9.1-10.2	85	128	149
브랜디(Brandy)	40-45	9.1-10.2	85	128	149
진(Gin)	40-45	9.1-10.	85	128	149
보드카(Vodka)	50-70	11.3-15.9	68	91	114
럼주(Rum)	60-70	13.6-15.9	62	84	105

여성 음주자의 구성도 크게 변하고 있는데, 얼마 전까지만 해도 폐경기가 지난 노년층이나 직업 여성 등 '특수한 계층'이 여성 음주자의 주종을 이루고 있었던 데 비해 요즈음에는 계층의 구별이 무색할 정도로 거의 모든 여성들이 음주 대열에 속속 합류하고 있다고 한다.

2 여성 호르몬과 알코올과의 관계는?

여성 호르몬 속에 들어 있는 에스트라디올이라는 물질은 간장에서 알코올을 분해하는 효소의 활동을 방해한다. 따라서 여성 호르몬이 많이 축적되어 있을 때는 간장의 알코올 분해 능력이 떨어지기 때문에 술에 쉽게 취하게 된다. 그러나 폐경기에 접어들면 여성 호르몬의 분비가 현저히 줄어들게 되며, 따라서 폐경기 이전에는 조금만 마셔도 취기를 느끼던 사람이 폐경기에 접어들면 어지간히 마셔도 좀처럼 취기를 느끼지 못하는 현상이 발생하는데, 이때 술 마시는 양이 늘어나기 쉽고 이런 상태가 지속되면 알코올 의존의 덫에 걸려들고 만다. 폐경기 여성들 가운데 알코올 의존증 환자가 많은 것도 이런 까닭이라고 한다.

그러나 이와는 정반대로 생리를 앞둔 여성의 몸에는 여성 호르몬이 많이 축적되어 있으므로, 평소보다 주량이 현저하게 떨어지고 이때 평소의 주량에 맞춰 술을 마시면 간장 장애를 일으킬 가능성이 커진다. 경구 피임약을 사용하는 경우에도 똑같은 현상이 발생하게 되는데, 경구 피임약을 사용하면 여성 호르몬의 분비가 많아지기 때문이라고 한다.

특히 위험한 것은 상습적으로 매일 술을 마실 경우 남성은 10년이 지나면 알코올 의존증 환자가 되는 반면 여성은 6년밖에 지나지 않는다고 하는데 이런 이유로 여성의 음주가 일찍부터 보편화된 서구에서는 여성의 알코올 의존증이 심각한 양상을 보이고 있다고 한다.

우리의 경우도 예외는 아니지만 젊은 여성들 가운데 알코올 의존증세를 보이고 있는 경우는 찾아보기 힘들다. 이는 직업을 가진 여성들 가운데 알코올 의존증 환자가 많은 서구와는 다른 현상인데 그 까닭은 아직도 남아 있는 유교적 가치 때문인 것으로 생각된다. 그러나 중년층 이상의 가정주부들은 의외로 상습적인 음주자가 많으며 알코올 의존 현상을 보이고 있는 사람들 가운데 가정 주부들이 차지하는 비중도 나날이 높아지고 있다고 한다.

50대 가정 주부들 가운데 7.9%가 하루도 쉬지 않고 술을 마신다는 조사 결과가 있을 정도며 '키친 드링커' 라는 말도 있다. 이는 요리의 맛을 돋구기 위해 사용하는 맛술을 조금씩 맛보다가 자기도 모르는 사이에 술의 포로가 되어버린 주부들을 일컫는 말이다. 중년 여성들이 쉽게 술의 포로가 되는 또 하나의 이유가 바로 폐경기 이후에 나타나는 특유의 생리 현상과 상실감으로 폐경기를 전후해서 알코올 의존증이 많이 발생한다는 통계도 있다.

그러나 술에 강하게 만드는 것은 순전히 알코올을 분해하는 효소 때문으로 이 효소를 선천적으로 많이 가지고 있는 사람은 술에 강하고 적게 갖고 있는 사람은 술에 약하다고 한다.

3 음주 후 피부는 어떻게 될까?

이젠 국내에서도 술과 담배를 즐기는 여성들을 많이 볼 수 있는데, 단지 피부의학 쪽으로만 보자면 술과 담배가 피부건강에 해롭다는 것은 분명한 사실이다. 고운 피부를 갖기를 원하는 여성이라면 이를 삼가는 것이 필수적이지만 완전히 그만두기 어려운 상황이라면 대신 그만큼 철저한 피부관리가 필요하다.

술의 경우, 과음으로 인해 숙면을 취하지 못할 만큼 많이 마시게 되면 자율신경이 마비돼 피부가 거칠어지고 이를 감추려 화장을 해봐도 화장조차 잘 먹지 않는다. 한 광고에 '미인은 잠꾸러기'라는 카피가 나와 인기를 끌기도 하였지만, 이는 틀림없는 사실이다. 충분한 수면 없이 건강한 피부란 있을 수 없기 때문이다.

또한 음주 후 피부가 붉어지는 반응은 얼굴, 목, 가슴 등의 피부에서 모세혈관이 확장됨으로써 나타나는 것이다. 시간이 지나 모세혈관이 축소되면 홍조 증상은 다시 사라진다. 그러나 장기간 음주를 하거나 과음을 하는 사람들은 붉어지는 증상이 계속되는 경우도 있다. 이러한 경우 모세혈관의 수축 기능이 약화됨으로써 나타나는 증상이다. 이와 같은 붉어지는 증상이 코와 볼 주위에서 두드러지게 계속되는 경우를 모세혈관 확장증이라고 한다.

음주로 인해 확장된 모세혈관은 수분손실을 증가시켜 피부를 거칠게 만든다. 또 혈액순환이 원활하지 못하고 오히려 저하되어 피부의 재생속도가 늦어지므로 얼굴색이 전반적으로 검은색을 띠게 된다. 이 밖에도 성인 여드름은 음주를 하면 아주 심화되는 현상을 보이기도 한다.

술은 인체 장기에도 영향을 미친다. 간에 부담을 주어 다른 독성물질을 해독하는데 시간이 지체되게 만들고, 피부세포에서 자외선에 의한 피부손상을 막는 글루타치온을 감소시켜 잔주름과 기미를 생기게 만든다. 장기간 술을 마시는 사람들에게서 피부노화가 빨리, 그리고 빠르게 진행되는 이유는 이 때문이다.

따라서 알코올에 의한 피부손상 예방에는 술을 마시지 않는 것이 제1의 처방이다. 물론 소량의 알코올은 혈액 순환을 촉진시켜 심장의 부담을 덜어 준다. 하지만 소량의 알코올도 피부에 좋은 영향을 미치는 것은 아니다는 사실을 알아야 한다.

4 알코올과 여자의 임신은?

술은 인간 뿐 아니라 많은 영장류가 즐겨 먹는 기호식품이다. 인류와 가까운 원숭이 등은 사람과 마찬가지로 술은 물론 홍차나 커피 등을 몹시 좋아한다고 한다. 이들 영장류는 야생에서 우연히 만들어진 자연 발효주를 맛본 뒤, 그 맛에 반해 계속해서 술을 찾아다녔다는 연구 결과도 있다.

그러나 술, 즉 알코올은 강력한 기형 유발물질로 지금까지 임산부가 어느 정도 알코올을 섭취할 때 태아가 영향을 받는지에 대해 정확히 규정된 바는 없으나 여성의 음주는 태아에겐 치명적인 독이 될 수도 있다. 특히 임신 기간에 많은 양의 술을 마실 경우에는 '태아 알코올 증후군(fetal alcohol syndrome)'으로 기형아를 낳을 가능성이 크며 이 증후군은 산전 또는 산후에 태아의 발육을 떨어뜨려 저능아, 행동이상, 안면기형, 심장기형 및 비뇨기 계통의 이상을 초래한다.

독일 리트베르크 병원의 소아과 의사인 슈포르 박사가 10년 동안 추적, 조사한 결과에 따르면 태아성 알코올 증후군에 걸린 아기들은 시간이 지나면 신체적인 이상은 다소 호전되는 반면에 두뇌 장애는 좀처럼 개선되지 않는 것으로 나타났다. 박사의 연구에 따르면 출산 직후에 아이들의 신체, 정신적 장애는 45%가 경미, 30%는 보통, 25%는 매우 심했었다. 그러나 10년이 지나 다시 조사해 본 결과 전체 응답자의 65%가 여전히 소두증(머리가 기형적으로 작은 증상)이었으며 정신적 장애를 계속 갖고 있는 아이들도 전체 응답자의 2/3에 이르렀다고 한다. 결국 이 아이들 가운데 45%가 정상적인 아이들이 다니는 일반학교에 진학하지 못하고 특수학교에 진학하였다고 보고한 바 있다.

임산부가 마시는 술은 태아가 한 평생 정신 지체아로 살아가도록 만드는 참으로 끔찍한 독약이 될 수도 있는 것이다. 또한 독일 뮌스터 대학 소아과 임상연구소 연구진도 지난 74년이래 과다음주 산모에게서 태어난 여성 27명과 남성 25명의 신체발달을 지켜본 결과 임신중 지나친 음주는 태아의 뇌에 영향을 미치는 것으로 나타났다고 한다.

한편, 임신 중 미량의 술을 마셔도 태아 발육과 성장에 큰 장애를 일으킨다는 연구결과도 나왔다. 미국 위스콘신-매디슨대 메리 슈나이더 교수팀은 '어린이 발육(Child Development)' 최근호에서 임신 중인 벵갈원숭이에게 미량의 술을 먹인 결과 새끼들에게 운동기능 및 집중력저하, 졸음 증가 등 많은 장애가 발생했다고 밝혔다. 임신중 음주에 대한 연구는 대부분 과도한 음주에 의해 태아가 성장과정에서 정신지체와 행동 및 학습장애를 일으키는 태아 알코올 증후군에 초점을 맞췄으나 이번 연구는 소량을 마셔도 이 질병에 걸릴 위험이 높다는 것을 보여 주었다는데 큰 의미가 있다. 슈나이더 교수는 "이 연구결과는 적당한 음주는 해가 없다는 일반적인 생각과는 완전히 다른 것" 이라며 "의사와 교육자들이 여성들에게 임신기간 음주를 줄이고 스트레스를 최소화하도록 교육해 주길 바란다" 고 말했다고 한다.

2. 흡연과 건강

담배는 1590년 임진왜란 때 왜군에 의해 전해진 후로 기호품으로 애용되어 왔다. 담배는 생명을 단축시키는 주범의 하나라고 강조되어 왔지만 흡연 인구는 계속적으로 늘어만 가고 있다. 특히 현대의 젊은 여성들의 흡연은 급속도로 증가하고 있으며, 젊은 여성 중 중고생이나 여대생은 날씬한 몸매에 대한 기대효과 때문에 흡연률이 증가하고 있으나 이는 잘못된 생각이다. 담배는 식욕감퇴와 소화액 분비를 억제하므로 비만을 다소 예방할 수는 있다. 그러나 오히려 흡연 시 생기는 일산화탄소는 피부생성의 억제로 4~5년 후에는 피부에 주름살, 주근깨가 많이 생기며 월경불순, 불임, 사산의 위험이 크다. 또한 여성의 경우 임신 중의 흡연은 미숙아 출산, 선천성 기형아 출산 등 태아에게 막대한 영향을 끼치는 점을 인식할 필요가 있다. 임산부의 흡연은 일산화탄소의 흡수로 인하여 모체와 태아에게 산소공급을 감소시킨다.

날마다 한 갑의 담배를 피우면 태아에게 산소공급이 20% 이상 감소하여 호흡에 지장을 주고 심장의 박동속도와 혈압이 올라가며 혈관은 수축한다. 또한 임산부가 흡연을 할 경우 태아의 맥박수가 증가하고 태아의 생계에 자극을 주어 산모사망률 증가, 기형아 출산, 사산 가능성이 증가하고 저체중아의 출산율이 더 높아진다. 따라서 담배에 의존하는 습관을 다른 것으로 대신 할 수 있는 기호품을 선택하여 몸에 익히도록 하며 흡연으로 인한 인체내 질병예방을 위해서는 비타민 A와 비타민 C가 풍부한 녹황색 채소와 과일의 섭취가 매우 중요하다.

또한 흡연자는 폐암 등 암에 걸릴 가능성이 담배를 피우지 않는 사람들보다 훨씬 높다는 것은 이미 의학계에서 밝혀진 사실로 1994년 10월 파리에서 열렸던 제9차 질병, 자살 등을 포함한 54종류의 사망 원인 가운데 흡연과 직접적으로 관련된 것이 25가지나 된다고 한다. 또한 흡연으로 생겨나는 25종의 질병

가운데 암이 17종을 차지하는데 흡연자가 비흡연자에 비해 기관지염은 24배, 폐암 15배, 식도암 7.5배나 많이 발생하는 것으로 되어 있다. 따라서 흡연자는 비흡연자 보다 평균 7년 일찍 죽고, 줄담배를 피우는 사람은 10년의 수명이 단축된다고 한다.

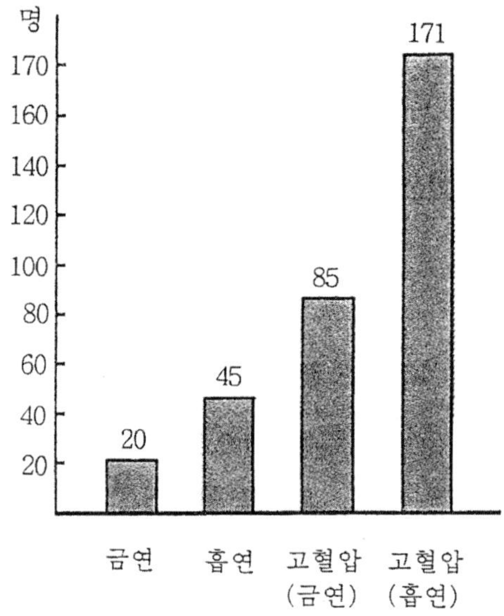

(그림 6-1) 흡연자와 비흡연자 간의 심장병 발생률 비교

☞ **깜짝 이용상식!**

흡연 후 피부관리는 이렇게.....

흡연은 피부노화와 주름살을 더 빨리 가져온다. 니코틴은 피부의 모세혈관을 수축시켜서 혈액순환을 감소시키는데, 혈액순환이 느려질수록 피부의 혈관을 통하는 혈액량은 줄어든다. 혈액량이 활발하지 못하면 피부는 누렇게 보인다. 혈액순환을 자극하기 위해 일주일에 1-2회 10-15분 동안 얼굴에 스티머로 수분을 공급해 주고 마사지로 영양을 공급한다.

1 여자의 피부와 흡연!

최근 들어 여성 흡연 인구가 급증하고 있다고 한다. 아마도 이런 현상은 비단 우리 나라 뿐만 아니라 전세계적인 현상일 것이다. 여성이 담배를 왜 많이 피우게 되는지는 여러 가지 이유가 있을 것이다. 여성의 사회적 활동 증가에 따른 스트레스 때문인지, 아니면 담배가 여성의 기호품으로 잘 맞는 것인지 그 원인은 확실하지 않다. '남성이 흡연을 하는 것에 대해서는 관대하면서, 왜 여성이 담배를 피우는 것은 좋지 않은 시선으로 바라봐야 하는가' 라는 주제는 심심치않게 들어오는 논란이다. 하지만 흡연에 있어서의 남녀 문제는 차치하고라도, 여성들의 흡연이 건강은 물론이거니와 고운 외모를 가꾸는데 있어서 치명적인 결함을 던져 준다는 것은 두말할 나위가 없다.

그럼 흡연은 피부에 어떤 영향을 주는가? 흡연으로 혈색은 창백해지고 피부가 거칠어질 수 있으며 눈 주위의 잔주름 등 피부 노화가 촉진된다. 담배의 주성분인 니코틴은 피부에 영양분을 공급하는 혈관을 축소시킴으로써 눈에 보이지 않는 피부의 변화가 나타나게 된다. 혈관이 축소되면 피부의 온도가 낮아지고 손발이 차갑게 느껴진다. 또한 손가락이 누렇게 착색되고 냄새도 난다.

흡연은 피부의 상처치유에도 영향을 미치게 되어 일반적으로 흡연자의 경우 비흡연자에 비해 주름 수술을 할 경우 치유 기간이 약 12배 정도까지 늦어진다고 한다. 흡연자는 비흡연자에 비해 상처를 입었을 때 회복이 더디고 콜라겐 축적이 잘 안되므로 피부에 흉터가 남을 가능성이 더 높다. 왜냐하면 흡연은 조직의 산소 농도를 낮추고 혈관을 수축시키기 때문인데, 담배 한 개피에 대한 피부 혈관의 수축은 90분간 지속된다. 또 흡연은 피부의 모세혈관에도 장애를 미치게 되어 상처 치유뿐만 아니라 피부색이 착색되거나 창백해질 수 있다.

그 밖에도 흡연은 주사비(빨간 코)나 말초혈관 확장증과 같은 피부 질환을 더욱 악화시킬 수 있다. 또한 흡연에 의한 주름은 자외선 양이나 노화, 성별, 색소의 양과는 관계없이 찾아온다. 따라서 오랫동안 담배를 피우는 사람의 피부는 창백하고 혈색이 좋지 않게 보이며, 위아래 입술과 눈 주위에 잔주름과 깊은 주름이 두드러지게 나타나게 된다. 그러므로 흡연자는 잔주름이 일찍 더 깊게 생기며 갈색 색소침착을 보인다. 흡연에 의한 주름은 흡연 연수와 비례하고 여자가 남자보다 민감하게 반응한다.

또 피부에 발생하는 암 중에 가장 악성인 흑색종의 경우 비흡연자보다 더 두껍게 생긴다. 발병시 전신에 퍼지는 예가 더 많고 내부 장기로 퍼질 확률도 더 높으며, 비흡연자가 치유시 재발하지 않는 기간이 더 길다고 한다. 이유는 흡연이 인체의 면역기능을 약하게 하기 때문이다.

흡연에다 과다한 음주까지 할 경우 상승작용을 일으켜 구강내 암이 발생할 가능성이 높다. 구개(palate)에 발생하는 암은 보통 흡연자보다 파이프를 사용하는 흡연자에게 더 흔하다고 한다.

그럼 어떻게 해야 할까? 무엇보다도 중요한 것은 흡연이 건강뿐만 아니라 피부에도 악영향을 미친다는 것을 항상 염두에 두고 담배를 끊으려고 노력하는 것이다. 금연이란 좀처럼 쉬운 일은 아니지만 담배를 끊으려는 의지가 반드시 필요하다.

이와 같이 피부 미인이 되는 것이 그리 쉬운 일은 아니며 항상 아름다움을 유지하려는 부단한 노력만이 곱고 아름다운 피부를 지켜줄 수 있을 것이다.

2 담배를 피면 살이 빠질까?

신진대사를 조절하는 중추신경을 니코틴이 조절하여 체중을 줄인다는 주장부터 여러 가지 '설'로 담배를 피면 살이 빠진다고 생각하는 사람들이 있는데, 최근 연구결과에 따르면 오히려 복부비만이 증가된다고 한다. 사실, 흡연 여성과 비흡연 여성의 체형을 연구한 결과 흡연 여성들의 체형이 비이상적으로 복부비만이 더한 것으로 밝혀져 충격을 주기도 하였다.

물론 담배를 끊으면 여러 가지 이유로 살이 조금 찌는 것이 사실이지만, 이것은 몸의 기능이 정상화되고 흡연 욕구를 누르기 위해 먹게 되는 여러 음식물들이 원인이므로 금연할 정도의 의지가 있다면 얼마든지 조절 가능한 것이라 하겠다.

3 담배를 필 때 '핑'하는 묘한 기분은 왜일까?

사람들이 제일 처음 담배 필 때에 일반적으로 '핑'하는 기분을 가지게 된다고 한다. 약간의 어지럼증과 함께 찾아오는 이 증상은 초연자 뿐만 아니라 끊거나 오랫동안 담배를 피지 않았던 사람에게도 흔히 일어나는 일이다. 이것을 담배의 환각 효과로 오해하고 있는 사람들이 있는데 FDA의 니코틴에 대한 마약 판정은 그것의 중독성 때문이지 환각적 효과 때문은 아니라고 말하고 있다.

이 현상은 담배 연기속에 들어 있는 일산화탄소가 산소보다 헤모글로빈과의 결합력이 약 270배정도 강하기 때문에 체내의 헤모글로빈이 산소의 전달을 못하게 되어 순간적인 뇌의 산소 부족으로 일어나는 증상이라고 한다.

4 임신 중 흡연은 어떤 악영향을 줄까요?

가임 연령 여성의 흡연이 특히 해롭다는 것은 이미 너무나 잘 알려진 사실이다. 일각에서는 흡연이 태아에게 미치는 폐해가 심하므로 담배를 끊지 못하는 여성은 법적으로 출산을 못하도록 해야 한다는 의견이 나오기도 하고, 여성의 흡연은 폭력이나 살인과 같은 범죄 행위라고 주장하는 학자들도 있다. 분만 전이나 후 태아 사망의 위험성은 '흡연량에 비례해서 증대한다'는 연구보고도 있다. 흡연을 하는 젊은 여성 중에는 '임신을 하면 바로 끊겠다'고 생각하는 경우가 많다. 하지만 영국의 한 연구에 따르면 임신 전에 흡연을 했던 여성은 니코틴에 중독 되어 임신 후 아무리 금연을 하려 해도 65% 정도는 끊지 못했다고 하며, 또 미국의 한 연구에 따르면, 다행히 건강한 아기를 출산했다고 해도 막 출산한 아기의 소변 속에서 담배로 인한 발암물질이 검출되었는데 이런 아기는 자라면서 병에 걸릴 확률이 높아진다고 보고한 바 있다.

또한 실내에서 피우는 담배연기는 직접 피우지 않는 사람들의 건강에 아주 나쁜 영향을 끼치는데 이것을 간접흡연이라고 하며, 미국환경보호단체에서는 1992년부터 간접흡연을 1급 발암 그룹으로 분류하고 있다.

간접흡연의 대부분은 가정에서 부모가 피운 담배연기에 의해 일어나는데, 아기가 간접흡연을 했을 때 유아돌연사, 호흡기 감염, 기관지 천식과 중이염의 위험성이 높아지며 임신 중에 흡연을 하면 태어나는 아기는 조산분만, 저체중아분만, 사산 및 신생아 사망의 위험이 훨씬 높아진다고 한다. 미국의 경우 한 해에 3만~6만 명의 저체중아가 산모의 흡연중에 출생하고 있으며, 이중 약 1/3이 신생아 중환자실에서 입원치료를 받는다고 한다.

모든 것이 서구화되어 가는 오늘날 우리 나라도 산모의 흡연이 문제가 되는 이런 날이 오지 않도록 범국민적인 대책이 있어야 할 것이다.

5 흡연의 악영향(Worst) 3는 무엇일까?

국제적 의료뉴스공급사「메디컬 트리뷴 뉴스」는 1996년 한 해 동안 국제학회에 보고된 논문을 토대로 여성의 금연 이유 7가지를 발표했는데, 폐암이나 자궁경부암 환자의 증가 외에도 임신과 관련된 내용을 살펴보면 다음과 같다.

① 담배를 피우면 임신이 잘 안될 뿐 아니라, 시험관 아기나 여러 가지 불임시술 성공률도 낮아진다. 실제로 미국의 아이오와대 연구진에 의하면 흡연 여성들의 인공수정 성공률이 비흡연자의 절반쯤에 불과하다고 한다.

② 임신 중 담배를 피우면, 한 곳에 집중을 못하거나 과잉 행동을 하는 주의력장애나 행동장애 아이를 낳을 확률이 비흡연 여성보다 3배나 높아진다.

③ 임신 중 담배를 피우면 태아기 저산소증에 걸릴 확률이 높아진다. 태아 469명을 대상으로 조사한 결과 흡연 여성의 태아들은 비흡연 여성의 태아보다 폐기능이 훨씬 떨어졌다고 한다.

6 흡연자에게 좋은 식품은 무엇이 있을까요?

① 아침에는 찬물 한잔.

특히 일어나자마자 피우면 맛이 좋다고 하는 아침 담배는 건강을 해치는 주범인데, 자는 동안 위에 고인 위산의 독성과 니코틴의 독성이 섞여 뇌를 자극하기 때문이다. 이때는 찬물 한잔을 마셔 희석시킨 후 흡연한다.

② 충분한 단백질을 섭취한다.

③ 알코올 섭취 후에는 곡류 위주의 식사를 한다.

밥이나 죽 같은 곡류가 음주 후 뇌에 부족하기 쉬운 당질을 보충해 준다.

④ 야채즙을 마신다.

그 중에서도 특히 시금치즙은 무기질이 풍부하기 때문에 숙취 제거에 효과적이다.

⑤ 굴 등의 해조류를 많이 섭취한다.
굴에는 아미노산인 타우린과 메티오닌이 많이 함유되어 있어 간의 기능을 원활하게 해주기 때문에 니코틴 분해에 도움을 준다.

⑥ 녹차를 많이 마신다.
담배 피운 후 녹차를 많이 마시면 담배로 인한 체내의 독성을 녹차의 성분인 엽산 등이 흡수해 제거하는 효과가 있다. 담배를 한 대 필 경우 세 잔 정도가 적당하다.

⑦ 비타민 C는 애연가의 최고의 친구.
과일은 알코올 분해를 촉진하고 유해 산소의 발생을 억제한다. 담배 한 개피를 피웠을 때 체내에서 25㎎의 비타민 C가 없어지고, 10개비를 피우게 되면 레몬 10개 분의 비타민이 소멸된다고 한다. 따라서 애연가는 수시로 비타민 C가 많이 들어 있는 과일, 감자, 딸기, 감귤 등을 먹어 부족한 비타민 C를 보충하도록 한다.

⑧ 레몬은 필수.
레몬의 산 성분은 위를 깨끗하게 하는 효과가 있다. 또 먹고 난 레몬을 치아에 문지르면 이빨 사이에 낀 니코틴을 제거해 깨끗하고 하얀 치아를 유지할 수 있다.

3. 카페인과 건강

오늘날 우리 일상생활에서 카페인은 빼놓을 수 없는 기호품이 되었다. 카페인은 음료, 음식물뿐만 아니라 진정제, 감기약, 두통약, 근육의 자극과 이완제, 이뇨제 등과 같은 의약제에도 함유되어 있어 식생활의 범위를 넘어서 현대인의 생활에 밀접하게 다가와 있는 실정이다. 카페인은 대뇌를 비롯한 중추신경과 심혈관계통을 흥분시켜서 기능을 활발하게 하는 작용이 있기 때문에 적당한 분량을 알맞게 사용하면 머리가 맑아지고 피로감이 없어지며 이뇨작용으로 인한 소변배설이 많아지고, 심장의 박동도 강하게 되어 강심작용을 나타낸다.

또 위장의 소화기 계통에도 자극을 주어 소화액의 분비를 촉진하기도 한다. 그러므로 육식을 많이 하고 난 직후에는 커피를 한잔 들면 맛이 좋고, 속이 개운하게 느껴지는 것이다.

카페인이 인체의 여러 기관에 미치는 영향은 다양하고 그 위해 정도도 개인에 따라 차이가 크기 때문에 단정적으로 결론짓기는 어렵지만, 대체로 100mg 정도의 카페인은 인체에 유해한 것으로 보며 불안, 흥분, 떨림, 심장박동수의 증가 등을 일으킨다. 카페인은 특히 신경에 영향을 미쳐 200mg 이상 섭취하면 두통, 신경과민, 경련, 흥분현상, 심계항진 등이 나타난다. 커피를 많이 마시면 잠을 이루지 못하는 것은 카페인이 혈압을 증가시켜 신경중추 장애와 수면 방해를 일으키기 때문이다. 또한, 카페인을 과도하게 섭취하면 갑상선 호르몬 분비증가로 갑상선 기능 항진증이 되어 맥박이 빨라지고 체중이 감소되며 정신상태가 예민해져 신경질형이 되기 쉽다.

한편 동물실험에 의하면, 임신 중의 커피 복용은 새끼의 비정상화를 유발시키고, 과량의 섭취는 유산, 조산아 출산, 미숙아의 확률을 높인다. 태아는 태반을 통하여 전달된 카페인을 대사 할 능력이 없기 때문에 모체 내에서 성장하는 동안 태아의 간과 뇌에 카페인이 축적되어 뇌기능에 손상을 입히는 결과를 초래할 수 있다.

그러나 휴식과 마음의 여유를 갖기 위한 하루 한 두잔의 커피는 인체에 큰 영향을 끼치지 않는다고 한다. 일반적으로 카페인 20mg 이하를 섭취하면 신경이 매우 예민해지며 피로감이나 졸리는 현상이 적어진다.

★ 커피!! 좀더 알아봅시다!

1 커피와 피부.

커피를 마시면 피부가 거칠어진다는 말이 있는데 이는 오래된 원두를 사용하기 때문이다. 오래된 원두는 보관 중에 산화물이 생성되는데 이 산화물이 피부를 거칠게 하는 원인이 될 수 있다. 그러나 커피에는 혈액의 흐름을 좋게 하는 긍정적인 요소도 있다. 그러므로 좋은 원두를 골라 산화하기 전에 사용한다면 피부가 거칠어질 염려가 없을뿐더러 오히려 피부미용에 긍정적인 효과를 기대할 수 있다고 한다.

(표 6-2) 음료 및 약제 내의 카페인의 함량

음료, 약제	목측량(용량)	카페인함량(mg)
인스턴트 커피	1 컵	66
카페인 프리 커피	1 컵	2-5
차	1 컵	20-100
인스턴트 차	1 컵	24-131
코코아	1 컵	5
탄산음료	1캔(335mℓ)	26-34
밀크초콜릿 캔디	1통	12
초콜릿	중 1개	40
잠 쫓는 약	1 정	100-200
두통약	1 정	32-65
감기, 알레르기 약	1 정	15-32

[2] 졸음운전 방지.

이것은 잘 알려진 카페인의 졸음방지효과이다. 카페인은 각성상태를 지속시키는 Cycling AMP의 분해를 억제한다.

[3] 공부의 능률 향상.

"크레페린 검사" 라고 하는 한자리 숫자를 계산해 나가는 테스트를 해보면 커피를 마심으로써 계산 능력이 향상된다고 한다.

[4] 다이어트 효과

카페인은 신체의 에너지 소비량을 약 10% 올린다. 즉, 같은 것을 먹어도 카페인을 섭취한 사람의 쪽이 칼로리 소비가 1할 높게 되어 비만을 방지한다고 한다.

5 운동의 지구력을 높인다.

보통 운동을 할 때 에너지는 글리코겐에서 공급되고 글리코겐이 없어지면 피하지방이 에너지로 변한다. 그러나 카페인은 글리코겐 보다 먼저 피하지방을 에너지로 변환하는 작용을 한다. 마라톤 선수가 레이스 중에 마시는 드링크에 카페인 음료가 많은 것은 이 때문이다(레이스 후, 카페인의 혈중농도가 1ℓ당 12mg 이하이면 도핑 테스트에서 걸리지 않는다).

6 음주 후 숙취방지와 해소

음주 후 숙취는 알코올이 체내에서 분해되어 아세트알데하이드라는 물질로 변하기 때문에 일어난다. 간단히 말해 아세트알데하이드를 분해해서 몸밖으로 내보내는 것이 좋다. 카페인은 간 기능을 활발하게 해 아세트알데하이드 분해를 빠르게 하고 신장의 움직임을 활발하게 하여 배설을 촉진시킨다. 가능하면 술을 마신 후에 한잔의 물과 커피를 마셔두면 좋다고 한다.

7 입 냄새의 예방

최근 구취 억제제가 잘 팔리고 있으나 커피에 함유되어 있는 Furan류에도 같은 효과가 있다. 특히 마늘의 냄새를 없애는 효과가 높다. 단, 커피에 우유나 크림을 넣으면 Furan류가 먼저 이 쪽에 결합을 하기 때문에 효과가 없다.

8 암, 동맥경화의 억제

와까야마현 현립의과대학의 이와사기 히데오 조수가 커피 중에 함유되어 있는 Chlorogenic acid가 발암물질의 하나인 "OH기"의 발암성을 억제하는 경향이 있다는 연구를 발표했다. 동맥경화에 대해서도 東京慈惠醫大의 나가노교수 등의 연구에서 커피는 동맥경화를 예방하는 HDL(좋은 콜레스테롤)을 증가시킨다는 것을 밝혔다. 이 때까지는, 커피는 중성지방을 증가시켜 동맥경화를 촉진시킨다고 알려져 왔으나 이야기는 거꾸로 된 셈이다. 커피의 효능은 당연한 이야기일지도 모르나 한의학적인 것으로 볼 수 있는데, 즉 같은 약이라도 사람에 따라 효능이 다르다고 할 수 있다.

9 커피와 다이어트

카페인은 인체의 에너지 소비량을 10%정도 증가 시켜 비만을 방지한다. 그러나 커피에 타 마시는 설탕과 크림은 당분과 고지방질로 구성되어 있기 때문에 다이어트를 위해서라면 블랙커피를 마시는 것이 좋다.

4. 알로에

1 알로에의 피부 약리작용

중국과 한국에서는 노회로 잘 알려진 것이 알로에로 천연약물로 믿어온 알로에의 효능은 현재 피부 연고제로 활용되고 있다.

알로에는 세포를 보호하고 신속하게 재생시키는 작용을 한다. 또한 생체 방어기전을 정상화 하여 비정상생체의 상태를 정상화시킴과 동시에 면역력을 증진시켜 내병력(耐病力)을 길러 준다. 특히 화상, 위궤양, 당뇨로 인한 피부궤양, 탈모방지, 수술 후 상처 부위의 세포재생, 여드름 상처 개선에 세포재생 효과를 나타낸다. 또한 알로에는 굳어진 혈관을 유연하면서도 질기게 하여 혈액이 모세혈관 끝까지 잘 순환할 수 있도록 혈액순환을 촉진시켜 준다. 또 고혈압의 원인 중 하나로 알려진 혈관속의 콜레스테롤 양을 감소시켜 혈압을 정상화시키기도 한다.

한편, 알로에가 지니고 있는 효능 중에는 우선 세균을 죽이는 작용과 세균에 발생한 독소를 중화시키는 작용이 있는데 현대의학에서는 흔히 항생제를 사용하여 장기간의 항생제의 사용은 부작용이 우려되나 알로에는 천연약물로서 부작용에 대한 우려가 없으며 특히 곰팡이균, 녹농균, 포도상구균, 디프테리아균,

결핵균, 파상풍균, 폐렴균, 이질균, 대장균, 콜레라균 등 병원균에 좋은 효과를 나타낸다. 알로에의 주성분인 알로에틴과 알로미틴이 강력하고 직접적인 살균력을 발휘하며, 또한 알로에는 균을 직접 죽이므로 내성균이 생기지 않는다.

2 알로에의 생리활성 작용

① 내장의 기능 항진과 내분비의 안정, 촉진작용 및 혈당강화작용

알로에는 당뇨병의 전반적인 증상을 호전시켜 준다. 인슐린 분비가 부족하여 야기되는 당대사 이상에 알로에를 투여하면 췌장조직의 재생을 촉진하여 인슐린 분비가 증가되고 당 대사를 개선시켜 준다.

② 진통, 진정작용

알로에는 자극된 신경을 온화하게 진정시키므로 전혀 해가 없는 이상적인 진통제라 할 수 있다.

신경성 질환(신경성 위염, 신경성 심장병)에 다당류가 풍부하게 들어 있는 알로에를 복용하면 신경과 장기의 과민을 진정시킨다. 불면증이나 숙취, 차멀미나 배멀미를 예방하는 것도 뇌신경이나 위신경 등 여러 기관의 신경을 안정시켜 주기 때문이다.

③ 이뇨작용

손, 발, 얼굴이 부었을 때 알로에를 복용하면 부기가 빠지는데 이것은 알로에의 심장 및 신장의 기능 항진 작용과 이뇨 작용이 동시에 나타나는 결과이다.

④ 건위 사하작용, 식욕 증진의 작용

알로에는 쓴맛이 있어 건위제로 작용하여, 계속해서 복용하면 위장병에 효력을 발휘한다. 또한 뛰어난 사하작용으로 장을 건강하게 해 준다.

⑤ 면역조절기능 (항암. 이상세포 파괴작용)

알로에 다당류가 생체내의 면역체계의 T 림프구 활동 강화 및 이상세포 등의 대식세포 활동 강화에 의해 강력한 항종양 및 항암작용이 있다. 일본 아이치현의 암센터 연구소에서 알로에 성분 속에서 한 물질을 뽑아 내어 [알로틴 A]라는 약제를 정제했는데 이것은 고분자의 당단백으로서 강력한 항암작용이 있다는 것을 밝혀졌다(1980년).

또한 알로에에는 암 이외의 이상세포도 파괴하는 작용이 있어서 티눈, 사마귀, 군살 등을 없애는데 특효를 나타낸다.

⑥ 체액의 알칼리화

알로에는 강한 알칼리성이므로 이를 상용하면 알칼리성의 건강체를 유지할 수 있다.

⑦ 피부의 수렴, 유연화, 보습, 소염, 표백, 경화와 각화 해소 및 흉터개선

알로에는 외피에서 죽은 세포를 밀착시키는 점착성을 가지고 있는데 특히 차단막을 형성하여 외부로부터 피부에 침투하는 이물질을 막아 준다. 또한 피부와 그 내면의 근육을 수축시킴으로써 결이 고우며 탄력있고 매끄러운, 잔주름 없는 젊은 피부를 만들어 준다. 또한, 보습효과가 있어서 피부를 촉촉하고 부드럽게 하며 독성이 없는 표백제를 함유하고 있어 살결을 희게 해준다. 알로에는 탁월한 소염제로 굳은 피부, 흉터, 여드름에 효과가 있다.

3 알로에로 예뻐지기 위한 미용법에는 무엇이 있을까?

건강과 미용에 좋다고 널리 알려진 알로에는 요구르트, 위생티슈 등 그 활용범위가 광범위해지고 있는 것이 현실이다. 알로에 생잎은 재래시장이나 큰 농수산물시장, 알로에 전문회사 영업점에서 손쉽게 구할 수 있으며 이를 이용한 일상생활에서 활용할 수 있는 미용법을 알아보자.

① 알로에 목욕

알로에 생잎을 3~5cm로 갈라서 베주머니에 넣어 욕조 속에 담근다. 피부자극에 민감한 사람 어린이는 약하게, 알로에 목욕에 익숙해진 경우는 알로에가 많이 배어나게 양을 조절한다. 상반신과 팔, 손은 노출시킨 채 명치 아래만을 목욕물에 담그는 반신욕을 하면 더욱 효과적이다.

② 알로에 생잎 붙이기

상처나 화상, 심지어는 코안이 헐었거나 축농증, 치통이 심할 때 응급처치로 알로에의 껍질을 벗겨 젤리질인 잎살이 환부를 완전히 덮도록 얹어놓는다.

환부가 좁을 때는 반창고로 붙여도 되지만 환부가 넓을 때는 붕대로 감는다. 하루에 2~3회씩 새로운 알로에로 갈아붙인다.

③ 알로에 생잎 바르기

습진으로 피부가 넓게 짓무른 데나, 여드름이 난 안면 부위는 알로에 생잎을 잘라 한쪽만 껍질을 벗기고 문질러 준다.

5. 피부가 아름다워지는 자연식품 미용법

1 자연화장품에 이용되는 식품에는 이런 것들이 있다.

자연화장품에 이용되는 재료들은 대부분 주변에서 쉽게 구할 수 있는 과일, 야채, 곡물, 식물 등이다. 늘상 우리 곁에 있는 재료들로 누구나 부담없이 만들어 사용할 수 있다는 것이 자연화장품의 장점으로, 천연 재료들의 특징들을 알아두었다가 직접 이용해 보자

-귤, 레몬

비타민 C의 대명사로 알려진 레몬과 귤은 천연 스킨미용제로 꾸준히 사랑 받아 온 식품으로 피부를 희고 매끄럽게 해주며 은은한 향취를 남긴다. 특히 유분이 많은 지성피부에 효과적이다.

-파인애플

브로멜린이라는 단백질 분해효소가 들어 있어 피부 표면의 각질제거에 도움을 주며 보습, 유연효과가 있다.

-감자

당질의 대부분이 전분이며 건강상 주목받는 것은 비타민 C와 식이성 섬유 때문이다. 과민성 피부나 알레르기 피부에 좋고 여드름에도 효과가 있다. 강판에 갈아서 밀가루와 섞어 팩제로 이용하면 피부가 고와진다.

-오이

천연 해독제로 피부의 검은 기운을 걷어 내는 성분이 뛰어난 오이는 특히 끝부분인 검은 꼭지 부분을 갈아 사용하면 더 큰 약효를 볼 수 있다.

수렴효과가 뛰어나 여름철 피부손질에 좋다. 햇볕에 탔을 때 차가운 오이즙으로 패팅하면 피부가 진정되며 기미. 주근깨도 사라진다.

-쑥

쑥은 신진대사를 원활하게 하여 피부를 윤기 있고 건강하게 만들어 준다. 항균, 소염작용이 뛰어나 쑥 달인 물을 화장수로 이용하면 여드름, 습진, 여름철 피부 트러블을 예방. 치료할 수 있다.

-인삼

풍부한 사포닌인 피부의 신진대사를 촉진시키고 혈액의 흐름을 좋게 하며, 보습효과도 뛰어나다. 또 피부를 빠르게 재생시키는 능력이 있어 상처가 있는 부위에 인삼으로 만든 화장수를 발라 주면 빨리 아문다.

-율무

피부의 신진대사를 높여 주어 기미, 주근깨, 거친피부, 여드름 등의 피부 트러블에 효과가 크다. 어떤 피부타입에도 잘 맞는데 특히 검은 피부를 투명하게 가꾸어 준다.

-다시마

예로부터 염증을 가라앉히는데 주로 이용해 왔으며 세포벽을 형성하는 알긴산이 다량 함유되어 있고 피부의 신진대사를 활성화하는 작용이 뛰어나다.

또한 점액질과 섬유질 성분이 피부 점막을 자극하여 피지 생성을 억제하는 효능이 있으므로 여드름이나 잡티로 고생하는 사람들에게는 효과적인 천연 미용제이다. 특히 심한 지루성 피부에 꾸준히 사용하면 좋다.

찬물에 하룻밤 담가 점액질이 나오면 밀가루를 섞어 팩을 하면 된다.

-달걀

달걀 노른자의 레시틴 성분은 보습효과가 뛰어나 피부에 윤기를 주며 달걀 흰자의 흡착력은 땀구멍에 쌓였던 노폐물을 말끔히 씻어 내고 피부에 탄력과 생기를 준다.

-우유

우유의 유지방은 거친 피부를 부드럽게 해주고 보습효과가 뛰어나다. 민감한 피부에도 잘 맞는다.

-꿀

꿀에 함유된 과당과 포도당이 피부세포에 그대로 흡수되면서 거친 피부의 회복을 돕는 천연 보습제로 효과적인 식품이다. 살균력이 강하고 각질제거 효과가 있으며 적당한 수분과 유분을 보습해 주는 뛰어난 보습제다.

-쌀겨

쌀겨로 세수나 목욕을 하면 비누와는 비교가 안될 만큼 깨끗해지고 피부도 매끄러워 진다. 특히 쌀겨 팩은 기미. 주름살 방지효과도 기대할 수 있다.

2 천연 재료를 이용한 미용법

천연재료를 이용한 미용법은 무엇보다 안전하다는 것이 장점으로 민감한 피부를 가진 사람이라도 자신에 맞는 재료를 선택해 이용하면 부작용 없이 좋은 효과를 얻을 수 있다.

천연재료를 이용한 미용법으로 가장 널리 이용되는 것이 바로 팩인데, 마사지를 하고 난 후의 팩은 노폐물을 완전히 닦아 내 피부를 청결하게 하는데 큰 효과가 있으며, 마사지 후에 팩을 하게 되면 피부가 촉촉히 살아난다.

(1) 녹차건강·미용법

녹차에 함유되어 있는 카페인에는 체내의 여분의 지방을 제거하는 작용이 있기 때문에 비만을 예방할 수 있다. 실험에 의하며 녹차를 마시면 혈액 중의 중성지방이나 콜레스테롤 수치가 내려가서 비만의 방지에도 도움이 된다. 녹차를 마시면서 운동을 하면 비만을 방지하는 효과가 훨씬 더 높다는 결과도 나와 있다. 또한 녹차에 함유되어 있는 카페인은 혈압을 저하시킨다는 사실이 임상적인 동물실험에서 확인되었다. 고혈압에는 소금이 나쁘다고 하는데 녹차를 마시면 어느 정도 소금을 섭취해도 혈압이 올라가지 않는다.

① 녹차 목욕은 피부미용에 특효

녹차를 입욕제로 사용하는 녹차 목욕은 몸이 속에서부터 따뜻해지기 때문에 냉증이 있는 사람에게 아주 효과적이다. 피부의 더러움이나 지방을 없애 주는 효과가 있기 때문에 피부의 트러블을 예방해주고 개선시켜준다. 피부를 맑게 해주며 손발의 각질이 벗겨지고 피부의 미백효과도 있다. 그리고 피부염을 예방하는 데에도 큰 효과가 있다. 뿐만 아니라 녹차의 그윽한 향이 물에서 우러나기 때문에 기분 좋게 목욕을 즐길 수 있다.

② 녹차 세안으로 피부를 가꾼다!

비타민C를 풍부하게 함유한 녹차를 마시면 피부에 탄력이 생기고 직접 피부에 발라도 표백작용을 한다. 비누나 폼클렌저로 더러움과 지방을 제거한 후에 다시 한번 녹차로 얼굴을 씻어주면 피부가 활성화되고 기미, 주근깨가 예방된다.

☞ 깜짝 미용상식!

당신이 고기를 좋아한다면 녹차를...

비타민C가 많이 함유되어 있는 녹차, 다이어트뿐만 아니라 피부미용에도 좋은 음료이다. 하루 세잔의 녹차를 마시면 다이어트에도 효과적일 뿐만 아니라 하루에 필요로 하는 비타민C를 모두 얻을 수 있다. 또 혈액순환을 좋게 하고 지방을 분해하는 성분이 있어 육류를 좋아하는 사람에게 좋다. 녹차에는 카페인이 포함되어 있기 때문에 잠자리 들기 2시간 전에는 마시지 않아야 하며 피부가 건조한 사람 역시 피하는 게 좋다.

③ 녹차팩으로 여드름을 치료

녹차에 함유되어 있는 카테킨이라는 성분에는 피부를 조여주는 작용이 있기 때문에 미백효과에 한 몫을 한다. 또 피부를 하얗게 해주고 조여주는 효과 이외에도 살균작용이 있어서 여드름 치료에 효과적이다. 특히 여드름에 잡균이 침투해서 화농되었을 때 아주 효과적이다. 녹차팩을 한 후에 피부를 만져보면 아기피부처럼 보드랍고 매끈거리는 것을 느낄 수 있다.

④ 녹차 화장수

녹차 화장수는 얼굴뿐만 아니라 전신에 보디로션으로 사용해도 좋고 피부가 거친 곳에 집중적으로 발라 주거나 칙칙한 피부 또는 발꿈치의 각질이 거칠거칠하게 일어난 부분에 발라 주면 그 효과를 충분히 발휘한다. 거칠어진 피부에는 보습효과가 있고 무릎이나 팔꿈치 등 건조해서 허옇게 각질이 일어나는 부분에 발라주면 건조함과 칙칙함까지 말끔히 해소시켜 준다.

녹차의 유효성분인 탄닌에는 강한 살균작용이 있어 녹차는 무좀치료에도 큰 도움이 된다.

☆ 녹차팩 만들기

◆ **재료** : 녹차 1작은술, 난황1개, 밀가루 1.5큰술

◆ **만드는 방법**

① 밀가루에 난황을 넣고 잘 섞은 다음 녹차를 넣고 다시 섞는다. 난황 대신 꿀 2큰술을 사용해도 된다.

② 완성된 녹차팩을 얼굴 전체에 펴바르고 위에 가제를 댄다. 20~30분 정도 그대로 있다가 미지근한 물로 씻어 낸다.

☞ 주의할 점

팩은 한 후에는 피부가 민감해져 있기 때문에 바로 화장을 하는 것은 삼가 해야 한다. 화장수나 유액을 바르는 정도로 피부손질을 마무리한다.

(2) 혈액순환이 나쁘다! 기미, 주근깨를 위한 장미팩

혈액순환이 제대로 되지 않으면 멜라닌 색소의 대사가 나빠지고 색소가 침착되어 기미나 주근깨가 생긴다. 피의 흐름을 좋게 하는 장미를 사용해 팩을 하면 색소의 생성을 억제해 기미, 주근깨에 좋다. 장미팩을 기미, 주근깨가 있는 부분에 바르고 15분 정도 두었다가 마르면 씻어낸다. 목욕을 하면서 하면 피의 흐름이 좋아져 더욱 효과가 크다.

☆ 만들기

1. 장미 꽃잎 10장(장미색은 작용과 관계없음), 물 100cc, 밀가루 3큰술
2. 물이 반정도 줄고, 장미꽃잎 색이 빠지면 꽃잎을 건져낸다.
3. ②의 장미꽃잎 끓인 물이 식으면 밀가루와 잘 섞는다.
4. 깨끗한 장미색 크림 상태가 될 때까지 골고루 저어주면 완성!

(3) 거친 피부를 매끄럽게 해주는 율무

율무는 쌀과 비슷한 영양가를 가지고 있어 쌀 대체곡식으로도 중요 하지만 그보다도 당뇨병, 암, 고혈압 등의 성인병을 예방 또는 치료하는 효과가 있다. 아직 성분은 알려지지 않고 있지만 율무를 먹으면 물사마귀, 티눈 등이 말끔히 없어지고 거친 피부는 놀라우리만큼 부드러워진다. 또 이뇨작용이 있어 체내의 수분을 조절해 주고 노폐물 축적을 막아 주기 때문에 체중이 조절되고 신경통 등에 효과가 있다.

차로 마셔도 좋고 쌀과 섞어 밥을 지어먹어도 좋고, 율무만을 오트밀처럼 죽으로 만들어 먹어도 그만이다. 폐결핵 환자의 영양식으로도 좋고 얼굴이나 다리에 부종이 생기고 황달이 있는 사람에게도 좋다.

☆ 만들기

1. 율무가루 차스푼 2 + 계란흰자 + 오이즙(레몬즙) 혼합
2. 기초 맛사지 후 약쑥 증기사우나 3분
3. 율무 팩을 한 후 증시 사우나
4. 세안 후 스킨과 로션으로 마무리 한다.

(4) 기미에 좋은 레몬팩

레몬은 신맛이 강하기 때문에 보통 귤처럼 먹지 않고 칵테일이나 주스 또는 얇게 썰어서 생선튀김 등의 서양 요리에 곁들이는데 사용된다.

신맛은 주로 구연산 때문이며 7%정도 들어 있고, 비타민 C는 과즙100g당 45mg이나 들어 있어 딸기와 더불어 비타민 C 과일의 왕이라고 할 수 있다. 새삼스럽게 말할 나위도 없지만 비타민 C는 혈관의 저항력을 높이고 세포와 세포를 연결하는 결합조직을 튼튼하게 하여 피부를 매끄럽게 한다. 또 표백작용이 있어 기미 등의 색소를 환원시켜서 희게 해주기도 한다. 또 껍질에는 레몬유라는 기름 성분이 있는데 그 속에 비타민 C가 풍부하게 들어 있으며 모세혈관을 강하게 해주는 성분도 있다. 무기질인 칼슘도 많이 들어 있다.

☆ 만들기

*** 레몬+밀가루팩**

밀가루에는 피부를 희게 해주고 묵은 각질을 없애주는 작용이 있다. 레몬즙 1큰술, 밀가루 2큰술의 비율에 물을 적당히 넣어 잘 섞은 후 스푼으로 얼굴에 펴 바른다. 10~15분 후 건조해지면 미지근한 물로 씻어내고 찬물로 패팅해 마무리한다.

*** 레몬+요구르트팩**

요구르트는 피부를 끈적거리지 않게 하고 윤기를 준다. 레몬은 피부에 싱그러움을 주어 기미, 주근깨를 예방한다. 피부가 건조하고 매끈하지 않을 때 적당한 팩이다. 레몬즙 1큰술에 요구르트 1/4컵을 잘 섞어 세안한 깨끗한 피부에 고루 펴 바른다. 10분 후 씻어낸다.

(5) 윤기있는 피부를 위한 당근팩

당근은 피부를 싱싱하고 윤기 있게 만들어 주는 역할을 한다. 당근의 이 같은 효과는 카로틴이라는 성분에 의한 것. 당근 속에 들어 있는 비타민 A가 피부의 지방 분비를 조정하며, 밸런스를 유지시켜 주는 역할을 한다.

♤ 건성 피부용

1. 가제를 이중으로 겹쳐 얼굴 크기로 자르고 눈, 입, 코 앞부분에 구멍을 낸다.
2. 중간 크기의 당근 반개를 껍질째 강판에 갈아 달걀 노른자1개와 꿀1/2~1큰술을 넣는다. 묽기는 얼굴에 발라서 흘러내리지 않을 정도로 한다.

♠ 지성 피부용.

1. 당근 1/2개+달걀흰자 1/2개+요구르트 1/2큰술~1큰술.
2. 가제를 물에 적셔 꼭짜 얼굴에 얹은 후 당근팩제를 바른다.
3. 15분 정도 후에 가제를 벗겨내고 미지근한 물로 씻은 후 다시 찬물로 헹군다.

(6) 혈액순환 촉진을 위한 은행가루팩

은행의 가장 큰 특징은 혈액순환 개선이다. 은행나무 잎에 풍부한 플라보노이드(Flavonoids)는 혈액의 유입을 조정하고, 미세순환을 활발하게 촉진시키는 기능을 가지고 있다. 또한 유해한 외부 영향으로부터 피부내 세포의 분자를 자연적으로 보호하는 역할을 해준다.

☆ 만들기

1. 은행가루 1큰술, 스쿠알렌 알2개, 꿀 2작은술, 밀가루 적당량을 준비한다.
2. 은행은 속껍질을 벗겨서 말린 다음 가루를 낸다.
3. 은행가루 1큰술에 스쿠알렌 알을 넣고(기름만 넣는다) 꿀과 밀가루로 눅지게 갠다.
4. 얼굴에 바르고 수분이 증발되지 않도록 랩을 씌우고 푹 잔다.
5. 아침에 얼굴을 씻어 내고 찬물로 헹궈 모공을 수축시킨다.
6. 1주일에 2~3번 정도 꾸준히 하면 투명감이 있고 하얀 피부가 싱싱하게 살아난다.

(7) 인삼 로션

잔뿌리를 말려 가루를 낸 것은 값이 저렴하므로 미용 재료로 쓰기 적합하다. 인삼의 사포닌 성분은 피부를 맑고 희게 하며, 탄력 있게 만들어 준다.

☆ 인삼로션 만들기

1. 인삼뿌리, 미삼 등 20g을 잘게 썬다.
2. 법랑 냄비에 인삼과 물 400ml를 넣고 물이 반쯤 될 때까지 물근한 불로 달인다. 인삼액을 묽게 달이고 싶을 대는 물의 양을 늘린다.
3. 인삼 삶은 액을 식혀 가제 등에 걸러 짜서 그 액만 냉장고에 넣고 보존하면 1주일 정도 사용할 수 있다.

★ 인삼로션 마사지

인삼을 이용한 마사지는 피부 자극과 함께 인삼의 유효 성분 작용으로 혈액이 좋아지고 신진대사가 촉진된다. 피부에 알맞게 적당한 양의 인삼로션을 마사지 크림에 섞어 얼굴 중심에서 바깥쪽을 향해 마사지한다. 마사지 시간은 5~10분 정도가 좋고, 눈 가장자리나 거친 피부에는 집중적으로 5~6회 정도 실시한다.

짧은 시간으로 매일 하는 것이 효과적이다.

(8) 수렴·미백 효과에 사과팩

사과는 손쉽게 구할 수 있으면서도 피부를 부드럽고 촉촉하게 하는데 효과적인 팩 재료다. 수렴, 피부, 기미가 끼기 시작하는 피부에 좋다. 사과의 유효 성분은 탄닌, 당류, 사과산 등이다.

☆ 만들기와 사용방법

◆ **재 료** : 사과 간 것 2큰술, 꿀1찻술, 밀가루2찻술, 우유 약간

◆ **만드는 방법**

① 사과 간 것 2큰술에 꿀1찻술을 골고루 섞는다.

② 밀가루 2찻술을 넣어가며 바르기 좋게 갠다.

◆ **사용 방법**

③ 세수를 깨끗이 하고 눈 주위에 아이크림을 바른다.

④ 얼굴에 ②를 바른다. 밑에 가제를 물에 적셔 꼭 짠 후 얼굴에 밀착시키고 준비된 ②를 얼굴에 고루 바르면 된다.

목은 특히 노화하기 쉬운 곳이므로 목 부분에 팩을 하는 것도 잊지 않는다.

(9) 탄력 있는 피부를 위한 계란 팩

계란 노른자는 건성 피부나 노화 피부에, 흰자는 기미, 지성 피부 등에 사용한다. 임신 중에는 냄새에 민감하므로 계란 노른자에 살구씨 기름을 몇 방울 떨어뜨려 비린내를 제거한다.

☆ 만들기와 사용방법

◆ **재 료** : 계란노른자 1개, 밀가루 적당량, 살구씨 오일이나 참기름 몇방울

◆ **만드는 방법**

① 계란 노른자에 준비된 기름 몇 방울을 떨어뜨려 섞는다.

② ①에 밀가루를 넣어 바르기 좋게 갠다.

◆ **사용 방법**

③ 세수를 깨끗이 하고 눈 주위에 아이 크림을 바른다.

④ 가제를 물에 적셔 꼭 짠후 얼굴에 밀착시키고 걸쭉한 ②를 고루 바른다.

⑤ 바싹 마를 때까지 가만히 누워 쉰다. 마른 후 아래쪽에서부터 조심스럽게 가제를 떼어낸다.

(10) 살구씨 팩(기미가 있는 피부에 좋다)

살구씨는 기미가 있거나 거칠어진 피부에 좋다, 살구씨 팩을 한 후 피부의 혈액 순환을 촉진시켜서 민감한 피부가 붉어 질 때도 있다. 하지만 특별히 가렵다거나 발진이 돋지 않는다면 약간 붉은 기가 있어도 괜찮다.

☆ 만들기와 사용방법

◆ **재 료** : 살구씨 가루 1큰술, 계란 노른자 1개, 꿀 1찻술

◆ **만드는 방법**

① 준비된 재료를 골고루 섞는다.

◆ **사용 방법**

② 얼굴을 깨끗이 닦아내고 눈 주위에 아이크림을 바른다.

③ 계란팩과 같이 가제를 밑에 깔고 팩을 하면 닦아낼 때 손쉬우므로 피부에 자극이 적다.

(11) 팥팩(순해서 피부에 자극이 없다)

콩류는 사포닌 성분이 있어 피부를 자극없이 닦아 낼 수 있다. 집에서 쉽게 구할 수 있는 녹두가루나 콩가루로 세수하는 것도 피부미용에 좋다. 특히 팥에는 비타민 B, B_2, 단백질, 탄수화물, 칼슘, 인, 철분 등이 함유되어 있다.

☆ 만들기

◆ **재 료** : 팥가루 낸것 1큰술, 꿀 1/2찻술, 계란 흰자 적당량

◆ **만드는 방법**

① 팥가루를 흰자에 갠후 꿀을 섞는다.

② 세수를 깨끗이 하고 아이크림과 립크림을 바른다.

◆ **사용 방법**

③ 얼굴에 준비한 ①을 골고루 펴 바르고 가만히 누워 쉰다.

④ 약 30분 후에 닦아내고 스킨로션과 크림으로 마무리한다.

(12) 감잎 차 - 비타민 C를 대량으로 섭취할 수 있다

감잎에는 비타민 C, 마그네슘, 칼륨, 칼슘 등 다양한 광물질이 함유되어 있다. 사람이 하루에 필요한 비타민 C의 양은 50㎎ 이상이다. 감잎에 들어 있는 비타민 C의 양은 레몬과즙의 15배나 되므로 감잎을 끓는 물에 우려 마시면 비타민 C를 대량으로 섭취할 수 있다.

특히 감잎 차는 피부미용에 좋은 효과가 있어 얼굴에 난 여드름이나 주근깨, 검버섯 등에 대한 뚜렷한 개선효과가 있다.

☆ 만들기

◆ **재 료** : 감잎 적당량

1. 6~8월 사이에 체취한 감나무잎을 응달에서 며칠간 말린다.
2. 1을 채 썬 뒤 솥에서 쪄낸다.
3. 2를 다시 햇빛에 바짝 말려 보관한다.
4. 감잎을 끓는 물에 넣어 우려내어 마신다.

☞ **잠깐! 알아둡시다.**

천연팩, 이런 점에 주의하세요

(야채와 과일 등 팩 재료는 신선한 것을 고른다)

1. 재료의 성분과 효능에 따라 자신의 피부 타입에 맞는 재료를 선택한다.
2. 자극이 있으면 즉시 미지근한 물로 닦아낸다.
3. 너무 여러 가지를 섞어 사용하지 않는다. 두 세 가지 정도가 좋다.
4. 직접 약초를 채취할 때는 논밭과 큰길에서 멀리 떨어진 곳에서 채취하는 것이 안전하다.

(13) 귤 즙 - 얼굴을 마사지하면 피부가 고와진다

☆ 만들기

◆ **재 료** : 귤, 벌꿀

1. 귤껍질을 잘 씻은 다음 잘게 썰어서 믹서에 넣는다.
2. 1에 물을 약간 부어 간 다음 그 즙을 걸러 낸다.
3. 귤 알갱이도 믹서에 갈아서 껍질즙과 잘 섞는다. 벌꿀을 약간 넣어 복용한다

※ 이 즙에 달걀 흰자를 섞어서 얼굴에 마사지하면 좋은 효과가 있다.

(14) 유자꽃 오일 - 살결을 곱고 윤택하게 가꾸어 준다

이 오일은 살결을 곱고 윤택하게 하며 탄력이 있게 한다. 특히 주근깨나 검버섯, 잔주름을 제거하는 효과가 있다. 유자에는 놀라울 정도로 많은 비타민 C가 함유되어 있다. 비타민 C는 피부의 탄력을 증강시키는데 탁월한 효과가 있는 영양소다. 특히 유자꽃에 함유되어 있는 휘발성 기름은 기를 원활히 운행시키고 어를 제거할 뿐 아니라 피부미용에도 뛰어난 효과가 있다.

☆ 만들기

◆ **재 료** : 유자꽃 50g, 참기름 또는 들기름 5g

재료를 함께 섞어서 솥에서 쪄낸 뒤 잠자리에 들기 전, 얼굴에 골고루 문지르면서 발라 준다. 다음날 아침 미지근한 물로 씻어 낸다.

6. 허브와 아로마 테라피

향을 이용한 인류의 문화는 고대 이집트까지 거슬러 올라간다. 문헌에 의하면, 고대 이집트인들이 미이라의 방부 처리에 향을 이용했고, 종교의식이나 여인들의 화장수에도 이용했다고 한다. 중국이나 인도에서도 향을 이용한 많은 기록들이 있고 성경에도 유향이나 물약에 대한 기록이 여러 번 언급되어 있다.

중세를 거치면서 향은 약제사들의 주요 치료수단으로 사용되어 졌고, 교역의 수단으로도 이용되었으나, 19C에 이르러 과학이 급속하게 발전되면서 천연향은 화학적으로 조제된 제품에 떠밀려 잠시 잊혀지게 되었었다.

그러나 20C초 프랑스의 화학자 갸또포세에 의해 아로마는 학문적인 기초를 이루게 되었고, 발넷, 마가렛 모리여사 등에 의해 체계가 확립되었다. 더구나 20C 후반에 이르러, 여러 가지 화학물질의 부작용이 호소되면서, 천연물에 대한 관심이 다시 일어나기 시작했고 자연요법의 대표주자로서 아로마 테라피가 관심의 대상이 되어가고 있다. 현재, 아로마는 식품업계, 화장품업계, 제약업계, 의료업계 등 모든 분야에서 다양한 형태로 이용되고 있다.

허브는 일차적으로 고대에서부터 전수되어 오는 약초로 인간에게 기여하는 역할이 크다. 오늘날의 허브는 오히려 요리나 미용, 아트 등 다양한 방법으로 건강증진을 위한 신체적, 정신적 조절기능을 강화하는 역할을 한다.

현재 허브에 대한 높아지는 관심은 단순히 소화흡수를 돕고 피로회복, 불면, 진정 등 스트레스 해소 뿐 아니라 방부, 항균작용, 산화방지, 노화방지, 미용효과 등 다양한 이용이 주목되고 있다. 즉 코로 흡입된 향유의 증기가 대뇌 변연계의 후각과 기억력을 자극시키고 호흡기를 통하여 전신을 순환하면서 체내 대사를 항진시키고 호르몬의 분비를 촉진시킨다.

특히, 서양에 있어서의 허브에 대한 관심은 날이 갈수록 높아지고 있는데, 인체에 대한 허브의 작용기전은 그림 6-2와 같다.

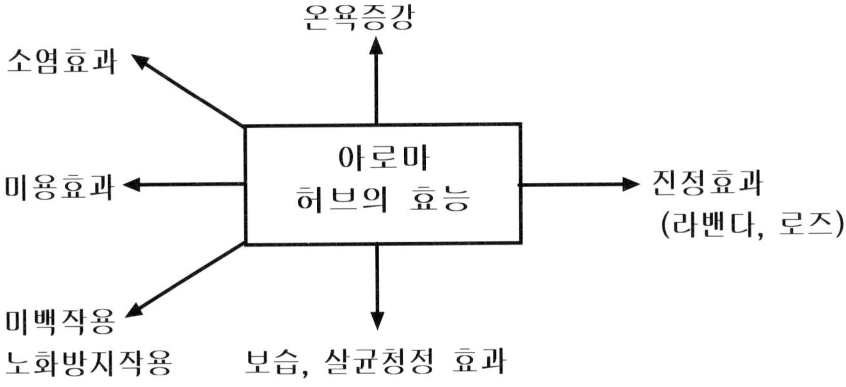

(그림 6-2) 인체에 대한 허브의 작용기전

1 아로마 테라피(Aroma therapy)란 무엇인가?

향유는 피부를 아름답게 가꾸는 에스테틱 측면과 정신적 피로와 스트레스를 해소하고 육체적인 고통을 덜어 주는 탁월한 효과를 지니고 있다. 특히 우리나라에서는 아로마 오일은 약이 아니면서 약보다 더 유익한 효과를 보여주며 부작용이 없기 때문에, 에스테틱 미용분야에서 가장 먼저 도입하여 활용하였고 현재 많은 이들의 사랑을 받고 있다.

아로마는 화장품이 아니면서도 화장품으로 활용되는 독특한 재료로 아로마 테라피란 방향을 의미하는 Aroma와 요법을 의미하는 Therapy의 합성어로, 식물이 가지고 있는 고유한 향을 코로 흡입하고 피부에 흡수시키면서 인체의 각 기능을 향상시키기 위한 자연요법이다.

즉, 아로마요법(Aroma therapy)은 식물에서 추출한 순수한 식물성 오일을 이용자의 피부에 발라서 기능을 상승시키고, 스트레스 해소 및 내장 기관의 균형을 회복시키는 처방으로서, 에센셜 오일을 이용한 마사지나 마찰, 흡입을 통해 피부 노화를 억제시키고 피부재생을 도움으로써 피부미용에 탁월한 효과를 주는 자연미용법이라고 할 수 있다.

(표 6-3) 아로마의 활용법

구분 명칭	Rosemary	Chamom i le	Lavender	Naho l i	Y lang y lang	Jasm ine
향기	후레쉬와 우디, 허브조의 강한 향기	사과와 같은 플루츠 향기	상쾌하고 시원하다. 가벼운 후로랄계	우아하고, 달콤한 인상적인 후로랄계	이국적이고 관능적인 향기	달콤하고 이국적인 향기
피부 효과	클린징 효과. 살균효과 외에 모발의 손질에 사용하면 찰랑 찰랑 하게 된다.	이줄렌 이라는 성분에 향용작용이 있아, 화상, 아토피, 민감피부, 건조피부에 효과적이다.	피부세포에 재생력이 있어 선탠 후의 염증이나 화상, 여드름 피부에 효과적이다.	피부세포에 재생을 돕고, 탄력을 개선, 여드름과 습진, 붉은 얼굴에도 효과를 발휘한다.	살균효과가 있어 지성피부에 효과적이다.	모든 피부에 사용할 수 있는데, 특히 건조피부와 민감피부를 진정시키는 효과와 탄력 증진 효과가 있다.
몸 효과	류마치스 등이 통증을 완화시키는 외에 감기, 기관지염, 두통에 효과가 있다.	생리통을 완화하며, 설사 등에도 효과가 있다.	염좌, 류마티스, 감기, 두통, 근육통, 생리에 대한 불쾌감, 구역질 등을 해소	심장의 맥박수를 높이고, 신경통이나 두통, 설사에도 효과가 있다.	호르몬의 밸런스를 조절하는 것 외에 생리통을 진정 시킴.	출산의 고통을 완화, 생리통이나 갱년기 장애에 우효, 냉한 체질에도 효과
마음의 효과	두뇌를 명석하게 하고 기억력을 증진. 피로할 때 원기를 주는 작용도 있다.	흥분, 노여움, 공포 등을 완화하고 근육이완 및 마음을 진정	리후레쉬와 근육이완의 효과에 의한 안정적 효과, 불면에 특효	근심에서 오는 불면, 히스테리나 의욕이 없는 것등을 개선하여 행복감을 준다.	감정의 정화 효과가 있고 기분을 안정시키고 행복감을 준다.	신경을 진정시키고 기분을 고양. 적그적인 자신감이 생기고 에너지를 불러 일으킴.
주의	자극성이 강하므로 고혈압이나 임신 중에는 피한다.	임신 초기의 몇개월은 피한다.		심장질환이 있는 사람은 사용을 피한다.	고농도로 사용하면 나른하거나 졸리는 경우도 있다.	임신중 사용은 피한다.

☞ **잠깐! 알아둡시다.**

천연향이 몸과 마음을 아름답게 가꿔준다! 아로마 테라피 다이어트

날씬한 몸매는 모든 여성들의 소망이다. 다이어트 성공 열쇠는 스트레스를 받아서 식욕이 늘어나고, 살이 찌다 보면 다시 스트레스를 받는 악순환의 고리를 끊는 것. 스트레스를 완화하고 다이어트하기 쉬운 상태로 만드는 아로마 테라피 다이어트를 시작해 보자. 안정된 마음과 아름다움을 함께 얻을 수 있다.

방향욕은 공기 중에 향을 떠돌게 해서 아로마 테라피 효과를 얻는 간단한 방법. 스트레스와 식욕부진에 릴랙스 효과를 촉진하는 향을 사용하거나 엑서사이즈할 때 상쾌한 기분이 드는 향을 사용하는 등 생활 패턴에 맞춰 여러 가지 향을 즐긴다.

오일은 1종류가 아니라 2종류 이상을 섞는다! 방향욕은 크게 2가지로 나뉜다. 하나는 손수건 등에 에센셜 오일 한두 방울을 떨어뜨려 직접 냄새를 맡는 것. 다른 하나는 방안 공기 속에 방향을 직접 뿌려 받아들이는 것이다. 아로마 포트나 아로마 캔들은 장소나 목적, 기분에 맞춰 향을 즐기는 효과 외에도 훌륭한 인테리어 소품 역할을 한다.

에센셜 오일에는 열에 의해 휘발하는 오일 성분이 있어 열을 가하면 특유의 향이 주변에 퍼지는데, 아로마 포트는 바로 이러한 효과를 이용한 것. 각기 다른 성분을 가진 에센셜 오일을 2종류 이상 섞어 사용하면 얻는 효과가 크다. 가령, 다이어트 성공에 필요한 자신감과 집중력을 높이려면 불안감이나 긴장을 해소시키고 집중력을 높이는 로즈 메리, 위장 기능 저하를 돕는 레몬을 섞으면 효과가 더욱 커진다. 방향욕은 은은한 향이 가장 좋고 지나치게 강한 향은 역효과가 난다는 것도 알아두자.

아로마 포트는 열에 의해 휘발하는 에센셜 오일의 성질을 이용해서 아로마 테라피를 즐길 수 있는 독특한 방법이다. 포트 아래에 초를 놓고 불을 피우면 포트 자체가 달아오르면서 포트 윗 부분의 오목하게 홈이 파진 곳에 부은 물에 떨어뜨려 둔 에센셜 오일의 향이 자연스럽게 공기 중으로 퍼져 나간다.

아로마 포트는 굳이 향을 피우지 않더라도 인테리어 소품으로서 손색이 없는 아름다운 모양을 하고 있는 것이 특징이라 할 수 있다.

2 허브를 이용한 화장품을 만들어 보자.

허브를 가지고 다른 천연 재료와 섞거나 화장품과 섞으면 팩, 로션, 클렌징 제품 등을 만들 수 있다. 허브를 이용해 집에서 화장품을 만들면 무엇보다 피부에 자극이 전혀 없고 쉽고 저렴하게 화장품을 만들 수 있는 것이 좋다.

(1) 허브 우린 물에 클렌징 제품을 섞는다

진정시키는 효과가 있는 것이 중요하다. 클렌징 제품이 있다면 피부 진정 작용이 있는 카모마일, 로즈마리, 마조람 같은 허브를 따뜻한 물에서 1시간 정도 우려낸 것과 섞어 세안할 때 사용한다.

(2) 허브 우린 물을 차갑게 하여 스프레이로 사용한다

수분 스프레이는 허브가 있다면 따로 살 필요가 없다. 건성 피부에 좋은 라벤더, 팔마로사, 로즈마리, 로즈우드, 같은 허브를 찬물에서 우린 다음 스프레이 통에 담아 냉장고에 보관해 두었다가 뿌린다.

(3) 허브 우린 물에 적셔 스팀 타월을 한다.

스팀 타월은 뜨거운 물보다 허브를 우려낸 뜨거운 물을 적셔 찜질을 하면 훨씬 효과가 좋다. 지성 피부라면 버가못, 재라늄 등이 좋고, 트러블이 있는 피부라면 쥬니퍼, 라벤더, 티트리 등의 허브가 좋다.

(4) 허브를 팩 제품과 섞어 허브 팩을 한다.

향만으로도 치료 효과가 있는 허브를 잘게 잘라 팩 제품과 섞으면 팩을 하고 있는 동안 향을 맡을 수 있어 안정이 되고, 피부에도 좋다. 노화를 예방하고 싶다면 후랑킨센스나 오렌지 등을 사용하고, 기미를 없애고 싶다면 레몬을 사용한다.

(5) 말린 허브잎을 죽염과 섞어 보디 각질제로 사용한다.

피부의 각질을 자극 없이 제거해 매끈하게 만드는 효과가 있는 죽염에 허브잎 말린 것을 섞어 몸에 문지르면 피부도 매끄럽고 문지르는 동안 허브향을 맡아 더욱 기분 좋게 목욕 시간을 즐길 수 있다.

- 부 록 -

■ 술의 열량

종 류	포장단위량 용량(cc/병)	열량 (kcal)	알코올 농 도	1회용 소주잔 (60cc/kcal)	어림치
고량주	250cc/1병	690	40	166	소주잔 1잔(가득)
막걸리	750	410	6	33	
맥주	500	240	4	29	맥주잔1/3컵
생맥주	500/잔	190	4	22	맥주잔1/3컵
소주	360	630	25	104	소주잔 1잔
샴페인	640	280	6	26	
위스키	360(패스포트)	1,000	40	166	위스키 3잔
청주	300(청하)	390	16	78	
포도주(백)	700(마주앙)	650	12	56	포도주잔 1/3컵
포도주(적)	700(마주앙)	590	12	50	포도주잔 1/3컵
이강주	750	1,310	25	105	소주잔 1잔
문배주	700	1,960	40	168	소주잔 1잔
안동소주	400	1,260	45	189	소주잔 1잔

■ 외식의 열량

* 한식

외식형태	음 식 명 .	제공형태(제공량)	주내용물	열량(kcal)
한 식	갈비탕	갈비 1대, 쇠고기	소갈비, 양지고기, 당면	300.
		밥 210g	밥 1공기	300
	갈비구이	양념 재어 250g	소갈비, 양파, 간장, 설탕, 참기름	580
	진곰탕	600g	양지고기, 사골, 국수사리	220
		밥 210g	밥 1공기	

외식형태	음 식 명	제공형태(제공량)	주내용물	열량(kcal)
한 식	김치찌개	400g	김치, 돼지고기, 두부	150
		밥 210g	밥 1공기	300
	물냉면	냉면사리 300g, 육수 400cc	양지고기, 무, 오이, 계란1/2개	450
	비빔냉면	냉면사리300g내외	젖은 냉면, 양지고기, 무, 오이, 계란	530
	회냉면	냉면사리 300g 내외, 홍어 무친것 60g	젖은 냉면, 홍어,무, 오이, 계란	530
	된장찌개	뚝배기(소)	감자, 호박, 두부, 바지락	100
		밥 210g	밥 1공기	300
	보쌈	삶은 고기 270g	돼지사태, 배추, 무, 생굴	1,180
	불고기(1인분)	양념 재어 250g	쇠고기, 배, 양파, 설탕	250
	불낙전골	1인분	낙지, 쇠고기, 호박, 삶은국수, 두부	230
		밥 210g	밥 1공기	300
	비빔밥	200g 내외	쇠고기, 고사리, 당근, 무, 시금치, 콩나물	300
	삼계탕	영계 1마리, 찹쌀 30g	영계, 마늘, 대추, 찹쌀, 국수사리	1,000
	생등심구이	1인분(200g)	쇠고기 등심	290
	설렁탕	고기 50g, 당면 15g	양지고기, 사골, 당면	160
		밥 210g	밥 1공기	300
	순두부백반	뚝배기(소)	순두부, 돼지고기, 바지락, 계란 1개	290
		밥 210g	밥 1공기	300
	육개장	고기 50g, 계란 20g	쇠고기, 고사리, 대파, 계란	200
		밥 210g	밥 1공기	300
	전복죽	500g내외	쌀, 전복, 참기름	290
	김치전	직경 17cm 크기	김치, 밀가루, 양파, 계란	280
	녹두전	직경 17cm 크기	녹두, 돼지고기, 김치, 밀가루, 숙주	320

* 일식

외식형태	음 식 명	제공형태(제공량)	주내용물	열 량(kcal)
일 식	대구매운탕	뚝배기(대)	대구, 콩나물, 양파, 쑥갓	210
		밥 210g	밥 1공기	300
	메밀국수	삶은 면 350g내외 국물 250cc	메밀국수, 양념장	450
	생선초밥	1인분(250g 내외)	전복, 장어, 문어, 새우, 참치, 새조갯살, 밥	360
	유부초밥	10개(300g내외)	유부, 밥, 설탕	500
	김초밥	10개(300g내외)	김, 맛살, 오이, 우엉, 밥, 설탕	340
	회덮밥	200g 내외	참치, 상추, 양배추, 오이	220
		밥 210g	밥 1공기	300

* 중식

외식형태	음 식 명	제공형태(제공량)	주내용물	열 량(kcal)
중 식	짜장면	한 그릇	국수, 양배추, 쇼트닝, 돼지고기, 양파, 오이, 호박	670
	짬봉	한 그릇	국수, 양배추, 바지락, 물오징어, 호박, 양파, 당근	540
	볶음밥	볶음밥량(350g) 짜장소스(100g)	밥, 돼지고기, 야파, 당근, 대파, 계란, 짜장소스	730
	탕수육	한 접시(직경 29cm)	돼지고기, 난황, 녹말,탕수육소스	1,960

* 양식

외식형태	음 식 명	제공형태(제공량)	주내용물	열 량(kcal)
양식	포크커틀릿(돈까스)	직경 29cm 접시, 샐러드용 접시, 밥접시, 스프 그릇	돼지고기, 계란, 빵가루 곁들이는 것:튀긴 감자, 브로콜리, 당근, 야채샐러드(양배추, 오이), 밥 또는 빵 소스 포함, 크림스프	980

외식형태	음 식 명	제공형태(제공량)	주내용물	열 량(kcal)
양 식	안심 스테이크	직경 29cm 접시, 샐러드용 접시, 밥접시, 스프 그릇	쇠고기 곁들이는 것:튀긴 감자, 브로콜리, 당근, 야채샐러드, 밥 또는 빵 소스 포함, 크림 스프	890
	생선커틀릿 (생선까스)	130g 정도 (생선 튀긴 것)	동태살, 빵가루, 계란, 밀가루, 곁들이느 야채, 밥, 크림스프	930
	햄버그 스테이크	180g 정도(partty)	쇠고기, 돼지고기, 빵가루, 계란, 양파, 곁들이는 야채, 밥, 소스, 크림소스	860
	김치볶음밥	400g 내외	김치, 쇠고기, 양파, 당근, 피망, 밥	600
	오므라이스	20× 30의 타원형접시 400g 내외	쇠고기, 당근, 피망, 케찹, 양파, 밥, 계란	680
	정식	돈까스 50g 생선까스 50g 햄버그 70g	돼지고기, 동태살, 쇠고기, 새우, 야채샐러드, 밥, 곁들인 야채, 소스, 크림소스	1,040
	통닭(후라이드)	한 마리(650g)	닭, 전분루, 밀가루	3,190
	통닭(양념)	한 마리(750g)	닭, 전분, 밀가루, 물엿, 땅콩, 케찹	3,540
	카레라이스	20× 30의 타원형접시	돼지고기, 양파, 감자, 당근, 샐러리, 카레, 밥	630
	피자	regulat 9 inch 480g 정도	밀가루, 토핑(피망, 페파로니, 쇠고기, 돼지고기, 햄, 양송이), 모짜렐라치즈, 피자소스	1,120
	햄버거	불고기버거 (partty 40g)	햄버거빵, 쇠고기, 돼지고기, 빵가루, 마요네즈	380
		데리버거 (partty 40g)	햄버거빵, 쇠고기, 돼지고기, 빵가루, 마요네즈	360

* 분식

외식형태	음 식 명	제공형태(제공량)	주내용물	열 량(kcal)
분 식	돌냄비우동	돌솥	국수, 흰떡, 어묵, 튀김, 새우, 대추, 맛살, 밤, 은행, 계란	550
	수제비	한 그릇	밀가루, 감자, 바지락, 애호박	410
	칼국수	800g 내외 (물 500cc)	밀가루, 사골, 쇠고기, 애호박	460
	고기만두	1인분 10개 300g 정도	밀가루, 무말랭이, 돼지고기, 대파, 간장	350
	사골 만두국	한 그릇 (사골, 고기)	밀가루, 숙주, 돼지고기, 양파, 두부, 쇠고기, 국사골, 계란 지단	460
	도시락 (나이스 데이)	일식형 도시락	밥, 생북어조림, 계란말이, 호박볶음, 돈육강정, 미역줄기볶음, 소시지전, 오징어튀김, 김치, 과일	700
	김밥	200g 정도	밥, 시금치, 맛살, 단무지, 당근, 계란 지단	270
	장터국수 (체인점)	800g 내외	국수, 튀김, 유부, 어묵, 계란, 파	420

■ 간식, 인스턴트 식품의 열량(음료수, 과자류)

* 유제품

제 품 명	포장당 각1개(g)	열량(kcal)	제 품 명	포장당 각1개(g)	열량(kcal)
요플레(딸기)	110	119	요델리(딸기)	110	101
꼬모(딸기)	110	116	다농(딸기)	110	114
비피더스(딸기)	110	86	바이오거트(딸기)	100	101
요델리퀸드링크(플레인)	100	73			
한국요쿠르트	65	80	파스퇴르요쿠르트	150	87
불가리스	150	150	덴마크요쿠르트	180	69

* 음료수

제 품 명	포장당 각1개(g)	열 량(kcal)	제 품 명	포장당 각1개(g)	열 량(kcal)
코카콜라	250	99	데미소다(사과)	250	100
펩시콜라	250	100	밀키스	250	149
칠성사이다	250	100	크리미	250	125
킨사이다	250	120	게토레이(레몬맛)	250	78
스프라이트	250	77	포카리스웨트	250	63
라이트콜라	250	30	하이칼스	250	95
환타(오렌지)	250	120	이오니카	250	63
환타(포도)	250	161	아쿠아리스	250	40
전원메론	250	100	마하-7	250	60
미에로화이바	100	48	미에로화이바-베타	100	31
탄산미에로화이바	100	28	화이브미니	100	40

* 과자류

제 품 명	포장당 각1개(g)	열 량(kcal)	제 품 명	포장당 각1개(g)	열 량(kcal)
양파링	95	470	쵸코빼빼로	40	173
새우깡	85	437	아몬드빼빼로	45	239
포테이토칩	55	312	더브러	121	335
쌀로본	192	923	에이스	154	812
쌀로랑	125	602	버터링	80	428
쌀로별	80	425	다이제스티브		
고래밥			(일반)	149	425
(볶음양념맛)	55	71	(쵸코)	178	578
(불고기맛)	55	74			
컨츄리콘	80	397			

■ 봄철 식단

요일 식사	월	화	수	목	금	토	일
아 침	완두콩밥 꽁치구이 감자채볶음 김 치 우 유	흰 밥 배추국 장조림 묵무침 오이생채 우 유	흑미밥 북어국 고등어구이 미역초무침 김 치 액 상 요쿠르트	흰 밥 김치두부국 명란젓 콩조림 도라지생채 우 유	보리밥 근대국 가자미조림 버섯볶음 김 치 우 유	흰 밥 소고기무국 쥐치포조림 김구이 깻잎김치 호 상 요쿠르트	토스트 양상치 샐러드 딸 기 우 유
점 심	보리밥 미역국 두부조림 김무침 무생채	하이라이스 콩나물국 깍두기	잡곡밥 어묵국 달걀장조림 호박볶음 우엉김치	콩 밥 참치찌개 오징어채 무 침 미나리전 깍두기	잡채밥 다시마무국 김 치	잡곡밥 애호박찌개 감자조림 배추겉절이	흰 밥 버섯찌개 생선전 김 치
저 녁	흰 밥 시금치국 돼 지 불고기 상치쌈 김 치	보리밥 청국장지개 갈치구이 연근조림 달래무침 김 치	흰 밥 꽃게탕 시금치나물 콩조림 김 치	현미밥 감자국 달걀찜 생굴회 쑥갓겉절이	밥 냉이국 지짐누름적 게 젓 봄동무침	보리밥 매운탕 느타리버섯 볶음 골뱅이무침 오이소박이	잡곡밥 순두부 찌 개 미더덕찜 감 자 샐러드 오이 초무침

■ 여름철 식단

요일 식사	월	화	수	목	금	토	일
아 침	보리밥 맑은무국 불고기 호박볶음 오이소박이 우 유	차조밥 표고감자국 병어구이 김구이 김 치 우 유	장국죽 콩조림 김 치 우 유	잡곡밥 갈비탕 깍두기 우 유	현미밥 새우젓국 버섯볶음 달걀찜 김 치 우 유	흰 밥 미역냉국 가자미구이 청포묵무침 콩나물무침 우 유	흰 밥 김 치 콩나물국 두부조림 근대나물 부추김치 호상요구르트
점 심	현미밥 되장찌개 호박잎쌈 연근조림 김 치	흰 밥 오이미역 냉 국 명란젓 감자전 깻잎김치	보리밥 추어탕 풋마늘무침 호박전 김 치	콩국수 김 치	흰 밥 어묵국 닭 찜 맛살초무침 취나물 오이소박이	잡곡밥 곰 국 가지나물 풋고추전 깍두기	냉 면 김 치 수 박
저 녁	완두콩밥 콩나물국 갈치무조림 고추잎나물 열무김치	삼계탕 깍두기 포 도	흰 밥 감자국 장조림 더덕생채 상치겉절이	보리밥 시금치국 낙지볶음 미역오이초무침 노각생채	흰 밥 육개장 두릅회 오이숙 장아찌 깍두기	잡곡밥 청국장찌개 양배추생채 감 자 멸치볶음 김 치	흑미밥 버섯전골 꽁치구이 물미역무침 김 치

■ 가을철 식단

요일 / 식사	월	화	수	목	금	토	일
아 침	콩 밥 느타리 버섯국 메추리알 조 림 무 숙 장아찌 김 치	보리밥 조개국 소고기볶음 고구마줄기 무 침 총각김치 우 유	팥 밥 미역국 우엉조림 김구이 콩잎김치 호 상 요구르트	호박죽 나박김치 우 유	흰 밥 북어국 조갯살조림 고등어구이 김 치 우 유	보리밥 오징어국 명태조림 도토리묵 무 침 김 치 액 상 요구르트	보리밥 어묵된장국 조기구이 창란젓 파김치 우 유
점 심	칼국수 깍두기	현미밥 두부된장국 떡볶음 고구마조림 김 치	표고버섯 덮 밥 달걀국 김 치	흑미밥 대구매운탕 무말랭이 감자볶음 총각김치	잡곡밥 시금치 된장국 소고기볶음 땅콩조림 김 치	흰 밥 돼지고기 찌 개 찐고추무침 오징어채 무 침 김 치	크림수프 흰 밥 함 박 스테이크 채소샐러드 감자튀김
저 녁	흰 밥 우거지국 연근조림 호박나물 볶 음 김 치	흰 밥 육개장 더덕구이 풋고추조림 깍두기	보리밥 참치찌개 감자샐러드 오이맛살 무 침 콩나물무침	고구마밥 토란국 닭튀김 숙주나물 무생채	보리밥 콩나물국 김구이 새우케찹 조 림 김 치	흰 밥 닭도리탕 시금치나물 고구마전 김 치	현미밥 연두부찜 표고피망 볶음

■ 겨울철 식단

식사 \ 요일	월	화	수	목	금	토	일
아 침	현미밥 김치국 조기구이 풋고추 쇠고기볶음 김 치 우 유	야채죽 콩조림 동치미	콩 밥 배추국 너비아니 구 이 창란젓 무김치 우 유	보리밥 시래기국 뱅어포구이 오이초무침 고추김치 우 유	흰 밥 콩나물 무 구 멸치볶음 똑또기자반 갓김치 우 유	보리밥 곰 탕 묵무침 무말랭이 무 침 깍두기 우 유	현미밥 닭고기국 가지볶음 도라지생 채 깍두기 우 유
점 심	떡 국 실파전 김 치	흰 밥 김치찌개 참치무침 조개젓 파김치	만두국 배추전 무김치	불고기덮밥 달걀국 깍두기	흑미밥 갈비탕 두부완자전 콩나물무침 무김치	김치밥 조개국 표고버섯 볶 음 톳나물무침 동치미	김초밥 우 동 깍두기
저 녁	팥 밥 콩비지찌개 무나물볶음 취나물무침 마른오징어 무 침	보리밥 우거지국 가자미조 림 호박나물 김 치	흰 밥 연두부 김치탕 호박오가리 볶 음 김 치	보리밥 동태찌개 겨자채 김치전 깍두기	콩 밥 북어미역국 녹두빈대떡 연근조림 김 치	보리밥 된장찌개 이면수구이 콩조림 야채샐러드 김 치	흰 밥 두부찌개 생오징어 무 침 야채볶음 김구이

참 고 문 헌

* 강봉수 할머니의 미용식이요법(1995). 강봉수 : 서울문화사
* 강인희(1992). 한국의 맛. 서울 : 대한교과서주식회사.
* 개정3판 피부과학 대한피부과학회, 교과서편찬 위원회 : 여문각
* 건강과 영양(1993). 홍순명 울산대 출판부
* 건강한 피부, 고운살결 국홍일 : 지문사
* 경락과 피부미용학 김귀정외 4인 : 수문사 1999년 출판예정
* 곽동경(1995). 유아를 위한 영양과 식단. 서울 : 양서원.
* 氣와 건강관리(1997). 이재복・김영만 : 지구문화사
* 기초 피부관리학 김해남 편저 : 정담
* 기초영양학(1996). 서울 : 광문각.
* 음식과 식생활 문화(1997). 김기숙, 한경선 : 대한교과서
* 김길수(1997). 부작용 없이 한달에 7Kg씩 한방살빼기. 동아일보사.
* 김명선, 김명희, 임영희(1997). 영양과 건강. 서울 : 청구문화사.
* 김선진(1991). 비만 예방프로그램의 개발과 평가에 관한 연구. 이화여자대학교 대학원 석사학위 청구논문
* 김송전, 윤성식, 이명렬(1997). 영양화학. 서울 : 청구문화사
* 김숙희 유춘희, 강영희, 김선희, 김경자, 이종미, 이현옥(1995). 영양학. 서울 : 이대출판부.
* 김숙희(1992). 한국인 칼슘영양과 골다공증. 한국영양학회 추계심포지움초록 10~19.
* 김숙희, 유춘희, 강명희, 김선희, 김경자, 이종미, 이현옥(1997). 개정 영양학. 서울 : 신광출판사.
* 김숙희, 유춘희, 김선희 이상선, 강영희, 장남수(1995). 가족영양학. 서울 : 신광출판사
* 김숙희외 6인(1995). 영양학. 이화여자대학교 출판부.

* 김순동, 이신호, 한준표, 노홍균(1993). 식생활과 건강식품. 서울 : 효성여대식품과학연구소.
* 김은미, 이정선, 우순자(1997). 영양소와 식품기호도를 고려한 식단작성 computer Program의 개발. 한국영양학회지, 30(5) : 529~539.
* 김정혜, 엄태식, 이수경, 이영근(1996). 유아건강교육. 서울 : 청구문화사.
* 모발생리학(1997). 김한식 : 현문사
* 김현오 외 6인 (1995). 식생활관리. 서울 : 광문각.
* 김혜련(1996).국민 건강증진을 위한 영양부문의 2000년 잠정 목표와 전략. 지역사회영양학회, 1(2) : 161~177.
* 나를 보는 눈 건강을 보는 눈 정양상외 4인 : 웅진닷컴
* 대한영양사회(1998). 식사계획을 우한 식품교환표. 대한영양사회
* 마사지의 이론과 실기
* 머리카락(1993). 손종근 : 한국모발연구회
* 모발과학(1998). 이의수 : 현문사
* 모수미(1994). 한국 외식문화의 발달과정. 한국식생활문화학회. 9(2) : 181~188.
* 모수미, 최혜미, 구재옥, 이정원(1995).. 생활주기 영양학. 서울 : 효일문화사.
* 문현경, 정해랑, 조은영, 최혜미(1992). 1989년도 국민영양조사에 따른 한국인의 식사양상. 한국 식문화 학회지.
* 비용인을 위한 피부과학 윤영숙외 3인 공지 문운당
* 미용학 개론 황희순 : 청구문화사
* 미용학개론(1992). 신지현 : 수문사
* 바이오 코스메틱(1992). H.R.A.에스라인 : 한독제약
* 박일화(1987). 식품과 조리원리. 서울 : 수학사.
* 박태선, 이기열(1985). 한국 대학생의 sodium과 postassium 섭취량 및 대사에 관한 연구. 한국영양학회지 18 : 201~208
* 한국인의 색생활과 건강(1997). 백희영, 문현경외 4인 : 서울대학교출판부
* 한국인의 건강영양조사(1997). 백희영외 : 서울대학교출판부
* 사망원인 통계연보(1995). 통계청
* 색채심리(1989). 파버비련저 · 김화중역 : 동국출판

* 생리학(1996). 소명숙외 3인 : 고문사
* 서정숙외 3명(1995). 기초영양학. 서울 : 지구문화사.
* 순수피부 미용법(1996). 이순희 : 경향신문사
* 승정자(1983). 극미량 원소의 영양. 서울 : 민음사.
* 식물요법(1998). 마문비 지음, 김덕균역 : 성서연구사
* 식이요법 실습서 김병구 외 11인 공저 : 수학사
* 식품위생학(1997). 장지현・문범수・김교창 : 수학사
* 식품의 안전성 연구(1993). 이서래 : 이화여자대학교 출판부
* 신 피부관리학(1995). 윤여성 : 가림
* 신식사요법(1998). 전세열・강지용・하태익・최원정 : 광문각
* 신재용의 약이되고 궁합맞는 음식동의 보감 : 학원사
* 新化粧品學 光井
* 신화장품학(1997). 권경옥외 5인 : 동아출판사
* 아로마테라피(1999). 김옥권 : 아트소스
* 아름다운 여성(1996). 김서정 : 세원출판사
* 아름다운 여성 탄생(1993). 고광순 : 까치
* 아름다운 피부미용법(1997). 이순히 : 가림
* 안명수(1992). 식품과 조리원리 - 조리과학. 서울 : 신광출판사.
* 안미연(1996). 나에게 맞는 다이어트. 가서원.
* 안홍석, 최미경, 표영희(1992). 수유기간별 모유의 무기질 및 미량원소 함량 변화. 한국영양학회지 18 : 123~131.

* 안홍석, 최미경, 표영희(1992). 수유기간별 모유의 무기질 및 미량원소 함량 변화. 한국영양학회지 18 : 123~131.

* 에스테틱실기(1996). 김봉인 : 화장품신문사
* 여자들의 가장 알고 싶은 美의 비밀 다이언 아이언즈・김동수 황금자리
* 영양과 건강 김영희외 3인 공저 : 청구문화사
* 영양과 식생활 승정자 외 6인 공저 : 청구문화사
* 오명숙 외 3인(1995). 영양과 식품. 효일문화사.
* 오연상(1995). 비만증-내과적 이해 및 치료-정신신체이학. 3권 2호.
* 유영상(1995). 식이요법, 고문사.

* 윤서석, 안명숙, 안숙자(1992). 식생활관리. 서울 : 수학사.
* 이건순(1995). 식생활진단 및 처방을 위한 전산 프로그램에 관한 연구. 한국식생활문화학회. 10(4) : 281~289.
* 여성보건(1996). 이광혜 : 수문사
* 이기열, 문수재(1984). 기초영양학. 서울 : 수학사.
* 이기열, 문수재(1995). 기초영양학. 서울 : 수학사.
* 이무석(1995). 비만의 정신분석적 고찰. 정신신체의학. 3권 2호.
* 이보경, 장유경, 최경숙(1992). 폐경후 여성의 골밀도에 대한 영양소 섭취실태의 영향. 한국영양학회지 25 : 642~655
* 이성우(1992). 식생활과 문화. 서울 : 수학사.
* 이영남, 이정실, 김을상(1997). 모유 영양아의 칼슘, 인 및 마그네슘 섭취량 변화. 한국영양학회지 30 : 1018~1024.
* 이지함의 여드름 뿌리뽑기 이유득외 3인 중앙 M&B
* 이혜수(1991). 고급영양학. 서울 : 수학사.
* 인체해부학(1996). 강기선외 3인 : 고문사
* 전세열, 강지용, 김정균(1996). 최신영양교육. 서울 : 지구문화사
* 피부영양학(1998). 전세열, 이숙경 : 도서출판 정담.
* 식품과 현대인의 건강(1995). 전희정, 전세열, 심영자 : 지구문화사,
* 정미숙, 이미순 : 건강지도 및 영양관리(1997). 교육아카데미
* 소선신(1997). 일부여내생의 비만수준 및 세중조절 형대가 스트레스에 미치는 영향. 이화여자대학교 대학원 석사학위 청구논문.
* 채범석(1992). 영양성 빈혈, 병원영양학. 서울 : 아카데미서적 p. 107~124.
* 체질보감(1998). 강인정 : 넥서스
* 최엽(1996). 몸매미인 만들기 : 아미.
* 피부 미용과 영양 이숙영 : 정담
* 피부 영양학 전세열외 7인 공저 : 정담
* "피부와 피부질환"임상약학도해집(Ⅰ)(1992). 임상약학사 월간 임상약학사
* 피부관리학(1994). 글이스리 : 브리프라자
* 피부관리학(1997). 김기연외 4인 : 수문사
* 피부관리학(1995). 김종대외 2인 : 고문사

* 피부관리학(1995). 윤여성 : 가람
* 피부관리학 황정원 편저 : 현문사
* 피부관리학(개정판)(1998). 황정원 : 현문사
* 피부병 동의보감(1998). 이진산 : 인화
* 피부에 법을 주는 여자 이금희 글 읽는 세상
* 한국영양학회(1998). 한국인 영양권장량. 한국영양학회.
* 한국인의 영양권장량 제6차 개정판(1995). 한국영양학회
* 한양일(1996). 이강자, 이영남, 정은자, 박난숙, 허채옥. 영양교육. 서울 : 수학사.
* 향의 세계(1997). 김창규 : 화장품 신문
* 현기순(1989). 식생활관리학. 서울 : 교문사.
* 현기순(1992). 단체급식. 서울 : 수학사.
* 현대인을 위한(1996). 이해덕 : 영문출판사
* 현대인의 평생건강관리(1996). 전세열, 황수관 : 태근
* 영양학(1995). 현순영 : 학문사
* 홍사욱 외 3인(1995). 영양과 건강. 성균관대학교 출판부.
* 홍순명 외 3인(1994). 건강과 영양. 울산대학교 출판부.
* 홍순명, 최석영, 송재철, 유리나(1991). 건강과 영양. 울산 : 울산대출판부.
* 화장과 화장품(1998). 김덕록 : 답계
* 황춘경(1995). 외식의 열량. 국민 영양 5월호.
* 21세기 영양학(1998). 최혜미 외 공저 : 교문사
* 8체질 건강법(1997). 권도원 : 고려원미디어
* 光井武夫, 新化粧品學, 同和技術(1997)
* Bio化粧品. Bule, Backs.(1995)
* 馬野詠子 : Estheticqueの 技術, 青春出版(1995)
* 이재복, 김영만 : 氣와 건강관리, 지구문화사.(1997)
* 石倉峻治 : 機能性食品の 驚異, 講談社(1990)
* 千葉英雄 : 食品の生體調節機能, 學會出版(1992)
* 荒井綜一 : 機能性 食品の硏究, 學會出判社編(1997)
* 根本幸夫 : 陰陽五行說, 藥學時報社(1996)
* 曾田維喜 : 東西醫學, 南山堂(1996)

* 南京中醫學院(편저) 中國韓方醫學概論, 中國韓方(1994)
* 최태섭 : 東醫學事典, 까치출판(1988)
* 최태섭, 안덕균 : 韓國의 補藥, 열린책들(1990)
* 佛敎協會 : 佛敎醫學事典, 南山堂(1989)
* 李盛雨, 韓國食經大典, 鄕文社(1985)
* 金鏞英, 藥이 되는 食物, 英文社(1988)
* 根本辛夫 : 慢性病の 食養法, 綠書房(1997)
* 谿忠人 : 現代醫療と 韓方藥, 醫齒藥(1997)
* 宮崎利夫 : 多糖의 構槽と 生利活性, 朝倉書店(1990)
* 梶本修身 : 健康食品事典 Guide Book, 日東書院(1995)
* 杉靖三郎 : 健康食品事典, 東洋醫學會(1996)
* 中村丁次 : 榮養成分 Bible : 主婦の生活(1997)
* 印南敏 : Dietary fiber, 第一出版(1996)계
* Fragrance, Special issue, "生體成分の 開發と 應用" Fragrance(1996)
* 木下緊太郎 : 韓方の本, 三笠書房(1997)
* Fragrance J. Special issue, Herb 植物科學(效用と應用)(1993)
* 高山林太郎譯 : 精油の 安全性, Fragrance社(1995)
* 印藤元一譯 : 香りの 生利心理學, Fragrance社(1995)
* 衣川湍水譯 : 類療僚法 心身を 治療, 自然醫學, Frangrance(1996)
* Robert Tisscrand : The Art of Aromatherapy. The C. W. Daniel.(1987)
* John and Rosemary, herbs hemphilc.(1995)
* CTFA : International Cosmetic Ingredient Dictionary.(1995)
* Fragrance. J. 化粧品의 有用性評價 測定法.(1994)
* Fragrance. J. Special Issue : 醫學部外品の 科學.(1990)
* Lesley Bremniss : Herbs 圖鑑 : 日本寫眞社.(1994)
* Goldberg. I.(Ed.) : Functional Foods. Chapman & Hall. N. Y., London(1994)
* Adernathy RP, Black, D.R., Healthy body weights : an alternatove perspective, American Jouranl of Clinical Nrtrition 63 suppl : 448S, 1996.
* Allen LH, Wood RJ. Calcium and phosphorus in. Shills ME, Olson JA,

Shike M. eds. Modern Nutrition in Health and diease. 8th ed. Lea & Febiger, philadelphia. pp 144~163, 1994.

* Aloe Science 남양알로에 남양 1994
* Biokosmetik, Dr. R. A Eckstein, Verlag Druck GmbH
* Brady, G.A. 1993. The nutrient balance approach to obesity. Nutr. Today 28(3) : 13~18.
* Bright, E. 1988. Dietary fiber and cancer. Nutrition Today, July/August.
* Brown, W.V. 1990. Fats and cholesterol, page 58~88 in The Mount Sinai School of Medicine complete Book of Nutrition. Herbert, V. and G.J. Subak-Sharpe(ed). St. Martin's Press, New York.
* Bule Bio化粧品 Backs 1995
* Cataldo, C. C., DeBryne, L.K. and Whithey, E.N., Nutrition and diet Therapy, 4th ed. West Publishin company, 1995.
* Christian J. N., Greger N. L., Nutrition for living, 3rd edition, the Benjamin/Cummings Publishin company, inc., 1991.
* Christian JL, Greger JL. Nutrition for living. 3rd ed., The Benjamin/Cummings Publishin Company Inc, 1991.
* Christian JL, Greger JL〉Nutrition for living. 3rd ed., The Benjamin/Cummings Publising Compant Inc, 1991.
* Das Frisurbuch, Sibylle Carstens 외 5인, Verlag Handwerk und Technik Hamburg
* Das gro β e Buch der Kosmetik und Körperpflege. Petra Schürmann, Naturalis Verlags-und Vertriebsgesllshaft
* Das Lexikon der Sanften Kosmetik Jean Putz/Christine Niklas, Vgs Verlags Gesellschaft, Köln
* Dattilo, A.M. 1992. Dietary fat and its relationship to bady weight, Nutrition Today, Vol. 27(No. 1) : 13.
* Dwyer JT(1993) : Popular diets for weight loss from mutritionally hazardous to healthful. Stunkard and Wadden′s Obesity theory and therapy 2nd and Wadden′s Obesity-theory and therapy. 2nd ed. pp.231

* Eastwood, M.A. and R. Passmore. 1984. A new look of dietary fiber. Nutrition Today, Sept./Oct. pp 6~11.

* Eckstein EF, Food, people and nutrition, AVI publishing com., 1993 Estheticque

* Eva D. Wilson, Katherne H. Fisher, Pilar A. Garcia : Principles of Nutrition, Fourth Edition, John Wiley & Sons, New York, 1979

* Flynn. M.A.T and M.J. Gibney. 1991, Obesity and health : why slim! proc, Nutr. Soc. 50 : 413~432.

* Friedman, S (1978) : Adiscussion of Wilson′s paper on "The fear of being fat and anorexia nervosa′ at the meeting of the New Jersey psycoanalytic, Hackensack, NJ, October 13

* Gordon M. Wardlaw and Paul M. Insel, Perspectives in Nutrition, 3th, ed. Mosby, 1996.

* Grodner M. Anderson SL, DeYoung S, Foundations and clinical applications of nutrition, Mosby Co., 1996

* Hahn DB · Payne WA, Focus on health 2nd ed. Mosby-Year Book. Inc., 1994

* Heaney RP. Nutrition factors in osteoporosis, Annu Rev. Nutr. 13 : 287~316, 1993.

* Hunt, S.M. and J.L, Groff. 1990. Advanced Nutrition and Human Metabolism. West Publishing Co., Los Angeles

* Hunt, S.M., and Groff J.L., advanced Nutrition and Juman Metabolism, West Publishin Co., 1990.

* Kosmetik-Lehrbuch Anatomie, Physiologie, Dermatologie. Helen Pietrulla, Kosmetik Verlag

* Kosmetik-Lehrbuch Kompendium der Ganzheitskosmetik. Helen Pietrulla, Kosmetik Verlag

* Kritchvsky, D. 1988. Dietary fiber, Ann, Rev. Nutr. 8 : 301.

* Kushner, R.F. 1993. Body weight and mortality. Nutr. Rev. 51(5) : 127~136.

* Körperpflege, Peter Gre β/Hans Lehmberg. Dümmlerbuch. Bonn
* Leeds MJ, Nufrition for healthy living, McGraw-Hill Co., 1998
* Lehrbuch der Behandungskosmetik und Geshäftskunde.
  Helen pietrulla/MEDICAL DICTIONARY, 고문사, 1995.
* Maurice E. Shils, Veron R, Young : Modern Nutritiom in Health and Disease, 7th ed., Lea and Febriger, 1990.
* Murray RK, et al. : Hharper's Biochemistry, 22th ed., Appleton & Lange, East Norwalk, Conn, 1990.
* National task Force on the Prevention and Treatment Obesty(1994) : JAMA 272 : 1196
* Nieman DC, Butterworth DE, Nieman CN, Nutrition revised edition, Wm. C. Brown Pubishers, 1990.
* Pamela C. Champe, Richard A. Harvey : Biochemistry, 2rd ed., J.B. Lippincott Company, 1996.
* Poleman CM · Peckenpaugh NJ, Nutrition : Essentials & Dietary Therapy 6th ed. 1991
* Reiser, W. Lynn(1988) : Panel reports on Compulsive Eating : Obesity and related phenomena. JAm Psychonal 30 : 163-171
* Robert s. Lees, Marcus Karel, Omega-3 Fatty Acids in Health and Diease, Marcel Dekker, 1990.
* Sara M. Hunt, James L. Groff, Advanced Mutrition and Human Metabolism, West Publising Co., 1990.
* Saris WHM : Physical inactivity and metabolic factors as predictors of weight gain, Nutrition Reviews 54(4) : s110, 1996.
* Shils ME · Olson JA · Shike M, Modern nutrition in health and disease, 8th ed., Lea & Febuger, Media, Pa., 1994
* Simopoulos, A.P. 1994. Fatty acod Composition of Skeletal muscle membrane phospholipid, insulin resistance and obesity. Nutr. Today. 29(1) : 12~16.

* Sizer F · Whiteny E, Nutrition : concepts and controversies 7th ed., Wadsworth publishing Co., 1997
* Sizer, F. and E. whitney. 1997. Nutrition, Concepts and Controbersies, 7th ed. Wadsworth Publishing Co., Belmont, CA.
* Stunkard AJ(1993) : Obesity theory and therapy 2nd ed
* Van Soest, P.J. 1984. Some physical characteristics of dietary fibers and their influence on the microbial ecology of the human colon, Proc. Nutr. Soc. 43 : 25.
* Vander AJ · Sherman JH · Luciano DS, Human physiology, McGraw-Hill co., 1990
* Wardlaw G.M., Contemporary nutrition : issure and insights, 3d, ed. Brown & Benchmark, 1997.
* Wardlaw Gm, Lnsel PM. : Perspectibe in Nutrition, 3rd ed., Mosby, St.. Louis, 1996.
* Wardlaw, G.M. and P.M. Insel. 1996. Perspctive in Nutrition, 3rd ed. Mosby, St. Louis, MO.
* Whitney EN · Cataldo CB · Debruyne LK · Rolfes SR, Nutrition for health and health care, West Co., 1996
* WHO · FAO joint consultation, Fats and and oils in human nutrition, Nutrition Reviews 53:202-205, 1995
* Zelasko CJ : Exercise for weight loss : what are the facts? Journal of the American Dietetic Association 95 : 1414, 1995.
* Ziegler EE. Filer LJ, Present knowledge in nutrition, 7th ed., ILSI press, Washington DC., 1996

* http://allfrees.com/Baby/Mom nara/Sanyok.htm
* http://allianz 3.co.kr/food 16.htm
* http://apwinc.sookmyung.ac.kr/~icd/caffcin 2-1.html
* http://chonnam.chonnam.ac.kr/~tbsong/금연/여성흡연.htm
* http://cs.sungshin.ac.kr/~med/SCRAP/HANKOOK/97-1/ysoll2-1.htm

* http://CS.sungshin.ac.kr/~med/SCRAP/joongang/97/foong 8/8-6-3.html
* http://csgs.co.kr/yw/yw8.html
* http://drongam.scjc.ac.kr/~khs7272/hair.htm
* http://hair.kyoungpoor.ac.kr/
* http://hairpia.co.kr/beauty/mobal/mobal.htm/tip.htm
* http://hairschool.co.kr/ha..codi/miyoung/summercar. htm
* http://healthguide.kihasa.re.kr/kor/health/drinking/drinking 0803.html
* http://keyo.bz.co.kr/psye여/caffeine.htm
* http://khan.co.kr/khnews/culture-life/woman/9071908233.htm
* http://ljh.co.kr/skincare/index-skincare22.html
* http://my.dream wiz.com/ziodic/beauty/hair% 20good.htm
* http://my.dreamwiz.com/kokoko7/diet/2.html
* http://my.netian.com/~air222/hh51.htm
* http://my.netian.com/~ldl0513/.
* http://my.netian.com/~solieipframe22.htm
* http://my.netian.com/~칯100/a3-43.html
* http://myhome.shinbiro.com/~red 72/담배관련기사.htm
* http://net-in.co.kr/hetsal/menul-con teut5.htm
* http://net-in.co.kr/powhapki/html/howto/how29.htm
* http://net-in.co.kr/powhapki/html/howto/nam/nam 9.htm
* http://power.kitel.co.kr/woman.htm
* http://studiojam.co.kr/info-files/skin care.htm
* http://user. chollian. net/~maylobelk/mother221. htm
* http://user.chollian.net/~jazzy671/Alcohol3.htm
* http://user.chollian.net/~jazzy671/smoking 6.htm
* http://user.chollian.net/~loverletter/health-law/caffein-1.html
* http://user.chollian.net/~my/weok/mother 107.htm
* http://user.chollian.net/~my/weok/mother 160.htm
* http://user.chollian.net/~my/weok/mother 193.htm
* http://user.chollian.net/~my/weok/mother 214.htm

* http://user.chollian.net/~mylovok/mother215.htm
* http://user.chollian.net/~vvsbpadb/cof-jmp.html
* http://ww.smallstory.co.kr/index/m3/m33/m10-08.html
* http://www. hamil. doctor.co.kr/bearty 3. htm #2
* http://www.17575.co.kr/hos/7575hos/column/general-column 71.asp
* http://www.aloe.co.kr
* http://www.aloe4you.com/health/index.htm
* http://www.aloemaiim.co.kr
* http://www.ange.co.kr/channel/pregnancy/trouble-0002.htm
* http://www.ara.m s.kr/study-data/life-science/life 49.htm
* http://www.avll 4.co.kr/syaki/h3-3a.htm
* http://www.beautyassn.or.kr/03-05.html
* http://www.carecamp.com/life/ciga/smoke-guide-37.jsp
* http://www.cbeauty.co.kr/hair/hair3.php3#1
* http://www.cigastop.com/woman/m1/m1-1.htm
* http://www.cigastop.com/woman/m2/m2-1.htm
* http://www.cosmeticclub.co.kr/inform/inform-d-1.html
* http://www.easywedding, co.kr/info/makeup/info4.html
* http://www.herbhouse.net/herbhous.htm
* http://www.interbird.co.kr/skinshop/information/info 003h.html
* http://www.serhai.com/jis.htm
* http://www.smallstory.co.kr/index/m3/m33/m/0-08.htm
* http://www.webdiet.co.kr/diet clinic/skin/sub-skin-hair2.asp
* http://youth.co.kr/re/re/04108.htm
* http://011korea.co.kr/+-kidoin/doin 9. html
* http://7575.co.kr/diet/pregnant/beauty3-2-4.htm
* http://7575.co.kr/diet/pregnant/right.htm

* 동아일보 1999년 4월 22일
* 앙쥬잡지 2000년, 2001년
* 한겨레신문 1997년 10월 31일
  1997년 8월 26일
  1999년 2월 4일
  1997년 7월 16일
  1999년 8월 4일
  1999년 3월 17일
* 동아일보 1999년 9월 14일
* 강원일보 2000년 5월 31일

찾아보기

【ㅅ】

【ㅇ】

【ㅍ】

【ㅎ】

【A】

【B】

【C】

【D】

【E】

【F】

【G】

【H】

【I】

[K]

[L]

[M]

[N]

[O]

[P]

[R]

[S]

[T]

[U]

[V]

[W]

[X]

미용과 영양

2001년 8월 20일 초판발행
2004년 3월 10일 초판2쇄발행
2012년 3월 10일 초판3쇄발행

지은이 : 곽희진, 박금희, 안현경
펴낸이 : 이상태

발행처 청구문화사

주 소 : 서울시 서대문구 연희1동 436-1
전 화 : 02) 332-0541
팩 스 : 02) 337-9577
등 록 : 1990년 11월 2일 제9-247호

정 가 12,000원

ISBN 978-89-88352-939